U0257938

"十二五"职业教育国家规划教材
经全国职业教育教材审定委员会审定
普通高等教育"十一五"国家级规划教材修订版
高等专科教育自动化类专业系列教材

# 工业控制网络技术
# 第 2 版

主　编　张　帆
副主编　王　旭　陶　敏
参　编　杨卫华　段有艳　王海云
　　　　谢　瑚　黄　玮　李之昂
主　审　张云生

机械工业出版社

本书是"十二五"职业教育国家规划教材，经全国职业教育教材审定委员会审定。

本书旨在介绍工业控制网络技术及其应用。全书以计算机网络知识为基础，以过程控制技术及其常用仪表为扩展，以 PROFIBUS 总线和工业以太网及其应用为代表，较全面地介绍了目前最具影响力的现场总线类型及其技术特点、选用原则、系统设计、工程实施、设备组态和安装维护等知识。

本书内容详实、语言通俗、图文并茂，既可作为高职院校电气自动化技术、计算机控制技术及仪表专业教学用书，也可作为工程设计安装和运行维护人员的培训教材或相关科研人员的参考书。

为方便教学，本书配有免费电子课件、习题解答及模拟试卷等，凡选用本书作为授课教材的学校，均可来电索取，咨询电话：010-88379375。

## 图书在版编目（CIP）数据

工业控制网络技术/张帆主编. —2 版. —北京：机械工业出版社，2015. 12（2024.2 重印）

"十二五"职业教育国家规划教材　普通高等教育"十一五"国家级规划教材修订版　高等专科教育自动化类专业系列教材

ISBN 978-7-111-51978-2

Ⅰ.①工…　Ⅱ.①张…　Ⅲ.①工业控制计算机-计算机网络-高等职业教育-教材　Ⅳ.①TP273

中国版本图书馆 CIP 数据核字（2015）第 254582 号

机械工业出版社（北京市百万庄大街 22 号　邮政编码 100037）
策划编辑：于　宁　责任编辑：于　宁
责任校对：陈延翔　封面设计：鞠　杨
责任印制：刘　媛
涿州市京南印刷厂印刷
2024 年 2 月第 2 版第 14 次印刷
184mm×260mm·13.5 印张·329 千字
标准书号：ISBN 978-7-111-51978-2
定价：32.00 元

电话服务　　　　　　　网络服务
客服电话：010-88361066　机　工　官　网：www.cmpbook.com
　　　　　010-88379833　机　工　官　博：weibo.com/cmp1952
　　　　　010-68326294　金　书　网：www.golden-book.com
**封底无防伪标均为盗版**　机工教育服务网：www.cmpedu.com

# 前　言

高等职业教育是我国高等教育的一个重要组成部分。近年来，随着国民经济的飞速发展，高等职业教育的发展也非常迅猛，其宏观的办学规模发生了历史性的变化。为适应我国社会经济发展对高技能应用型人才的需求，高等职业教育的教学模式、培养方案、课程设置和教学手段等都必须做出相应的调整。

随着电子技术、计算机技术和自动控制技术的飞速发展，工业自动化水平迅速提高。人们对工业自动化系统的要求也越来越高，各种各样的自动控制装置、远程或特种场所的监控设备在工业控制领域的大量使用，使得自动控制系统越来越庞大、复杂。为了让各种各样的自动控制装置协调工作，管理人员要能随时准确地掌握生产现场的实时数据。工业控制网络技术的广泛应用有效地解决了自动控制系统的分布控制和远程监控。

本书也正是基于上述背景编写的，书中内容注重能力培养，突出了实际、实用和实践原则，并在保证体系完整的基础上适当降低了理论深度，尽可能避免繁琐的数学推导，力求深入浅出、循序渐进地介绍工业控制网络技术的基本概念、原理和应用。本书重点介绍了工业控制网络技术的基本概念、原理，以及现场总线、工业以太网、集散控制系统（DCS）和工业控制网络的典型应用，并注重培养学生的技术应用能力以及分析和解决问题的能力，这有利于学生对技术知识的灵活应用以及毕业后的自学。为此，编者力求保证书中所列举的元器件及系统应用方案能反映工业控制网络技术的发展趋势，并且尽量介绍代表当前最新应用水平的实例。

在本次修订过程中，对第4章及第5章内容进行了大幅修订，删除了部分过时内容，同时新增了 S7-400 冗余通信、T-CPU 通信、基于 TIA-PORTAL 的网络通信组态及西门子工业通信总结等内容，紧跟当前工业网络应用的最新技术。

本书可作为高职高专学生的教材，适用专业包括电气自动化技术、电力系统自动化技术、计算机控制技术、仪表控制技术、机电一体化技术、应用电子技术、数控技术。当不同的专业选用本书作为教材时，可根据实际需要对书中内容做适当删减。建议教学时数为60学时，其中理论教学为40学时，上机实验和实训为20学时。

本书由张帆担任主编，王旭、陶敏担任副主编。张帆编写第5章，并对全书进行统稿校对；王旭编写第4章4.1~4.4；陶敏编写第4章4.5~4.7；杨卫华编写第1章；段有艳编写第2章；王海云编写第3章；谢瑚和黄玮编写第6章；李之昂编写第7章。昆明理工大学张云生任本书主审，并对本书的编写原则、重点及内容提出了许多宝贵的意见和建议；田甜为本书的汇总、校对及编排做了大量工作。在此，一并表示衷心的感谢。

由于编者水平所限，书中的错误、疏漏之处在所难免，望广大读者批评指正。

编　者

# 目　　录

# 第 1 章　导　　论

## 1.1　计算机网络的发展概况

自 1945 年第一台电子计算机（图 1-1）在美国诞生以来，电子计算机即遵循著名的摩尔
定律飞速发展，计算机的性能越来越先进，但其价格却
下降很快。因此，虽然第一台计算机占据了一间教室大
的房子，其功能却远不及当今的平板电脑，价格更是不
可同日而语。随着计算机的处理速度不断加快，性价比
不断提高，计算机的处理能力却产生了很多的冗余，强
大的计算能力得不到充分发挥。这是因为每一台计算机
都是独立的，犹如信息海洋中的一座座孤岛，彼此之间
很难发生联系。

图 1-1　人类历史上第一台电子计算机

为了解决这个问题，从 20 世纪 60 年代起就有越来
越多的人开始研究计算机互联通信的各种方法，直到形
成今天的计算机网络。这个过程大致可以划分为四个阶段：20 世纪 60 年代是萌芽阶段，70
年代是兴起阶段，80 年代是成熟阶段，90 年代以后是一个长期繁荣的阶段。

网络的繁荣基于计算机但又超越计算机，正如计算机的发展使世界发生了有目共睹的变
化一样，网络的发展必将再一次使世界发生深刻的变革。

以网络为基础的信息革命，其影响力将远远超过人类历史上之前的任何一次工业
革命。

### 1.1.1　第一阶段：面向终端分布的计算机通信网

计算机联网的最初设想就是将多台远程终端设备通过公用电话网连接到一台中央计算
器，构成面向终端分布的计算机通信网，完成远程信息的收集、计算和处理。

面向终端分布的计算机通信网还
不是严格意义上的计算机网络，因为
它只能单纯地依靠调制解调器通过公
用电话网进行一对一的简单通信，如
图 1-2 所示。

实际上，在计算机网络通信的初
期，要想解决远程互联的问题，必然
只能选择利用业已成熟和普及的公用
电话网，依靠传统的电路交换技术来
完成。但是，作为第一代计算机通信网的面向终端分布的计算机系统，已经涉及计算机通信

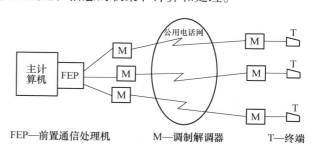

图 1-2　面向终端分布的计算机通信网

领域的许多基本技术，而这种系统本身也成为以后发展起来的计算机网络的组成部分。

### 1.1.2 第二阶段：分组交换数据网（PSDN）

随着计算机网络通信技术的发展和通信量的不断增加，传统的电路交换技术已不适合计算机数据的传输。由于计算机数据是实发式和间歇性地出现在传输线路上的，因此在拨号联网方式下，整个占线期间真正传送数据的时间往往不到 10%，甚至不到 1%。同时，呼叫过程相对传送数据来说也太长。因此，需要寻找一种新的计算机组网方式，于是 PSDN 应运而生。

20 世纪 70 年代，美国成功开发出 APPANET，采用崭新的异步通信技术，通过"存储转发-分组交换"原理来实现信息的传输和交换，从而实现了多主机协同通信和资源共享。APPANET 的出现标志着 PSDN（图 1-3）的兴起，标志着现代电信时代的开始，奠定了信息浪潮席卷全球的物质基础。

APPANET 被誉为 PSDN 之父，它建立的一些组网理念和技术至今仍被使用。例如它的二级网络结构由通信子网和资源子网组成，通信子网由接口报文处理机（IMP）专门负责处理主机（Host）之间的通信任务，实现信息传输与交换；资源子网由众多联

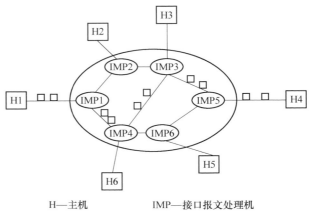

H—主机      IMP—接口报文处理机

图 1-3   分组交换数据网

网的主机构成，负责信息处理，运行用户应用程序，提供共享资源。

当某一主机（例如 H1）要与另一主机（例如 H5）通信交换信息时，H1 首先将信息送至与其直接相连的 IMP1 暂存，通信子网则根据一定的原则动态地选择适当的路径将信息转发至下一个 IMP 暂存，如此连续地存储转发，直至传输至 IMP6，然后由 IMP6 将信息送至目的主机 H5，这就是分组交换通信的基本过程。

通过这样一个异步通信模式，就在主机之间建立起一条虚拟的线路连接，有效地克服了面向终端分布的计算机通信网存在的线路通信效率低下的问题，极大地提高了通信线路的使用效率，摆脱了传统电路交换技术的局限，从计算机自身的特点出发设计出了通信模型，为计算机网络的迅速增长提供了技术支持、资源供应和经济保证。

分组交换网基本上由政府邮电部门或大型电信公司负责建设运行，向社会公众开放数据通信业务，故这类网也称为分组数据网（PDN）或分组交换数据网（PSDN）。

### 1.1.3 第三阶段：局域网（LAN）、互联网（Internet）和综合业务数字网（ISDN）

LAN 是在局部地理范围内进行高速通信的计算机网络。由于传输距离较短（0.1 ~ 25km），故实现了高传输率（0.1 ~ 100Mbit/s）、低误码率（$10^{-8}$ ~ $10^{-11}$）的要求，因此 LAN 在 20 世纪 70 年代出现以后获得了快速的发展，出现了多种 LAN 产品，其中获得极大成功的是以太网（Ethernet）。

Internet 是构筑在 TCP/IP（传输控制协议/国际协议）基础之上的第三代计算机网络，由于它使用国际标准化组织（ISO）的开放系统互联（OSI）参考模型，故可以实现大范围的多种网络的互联。Internet 的出现，极大地促进了计算机网络的发展和应用。

ISDN 是以提供端到端的数字连接的综合数字电话网为硬件基础发展而成的通信网，用以支持包括语音和非语音的一系列广泛的业务。它为用户提供一组标准的多用途网络接口。它可以在用户申请的同一条电话线上提供传真、智能用户电报、电视数据、可视图文、可视电话、视频会议、电子邮件和遥控遥测等业务，还可在此基础上开发多种增值业务。因此，ISDN 又有一个俗名叫"一线通"。

### 1.1.4 第四阶段：第四代计算机网络

随着网络应用范围的不断拓展和网络用户的不断增加，第三代计算机网络已不能适应未来发展的需要。由于网络技术的进步和信息处理能力的提高，第四代计算机网络亦在孕育之中。虽然目前要给它下一个准确的定义还存在不同的争论，但是却可以看到第四代计算机网络将会具有高带宽、高智能、高协同三个新的特点。

高带宽是指采用光纤通信和高速协议等技术解决网络拥塞的问题，支持更多的网络服务业务，同时网络 IP 地址也将从 IPv4 扩展到 IPv6。IPv4 的 IP 地址大约为 40 多亿，而我国的互联网因 IP 地址匮乏，被迫大量使用转换地址，严重影响了互联网本身的效益及安全，这也是我国互联网被认为不安全的一个重要原因。IPv6 的地址空间由 IPv4 的 32 位扩大到 128 位，2 的 128 次方相当于 10 的后面有 38 个零，形成了一个巨大的 IP 地址空间。未来世界上每个人甚至于每个人的移动电话、空调、冰箱等都可以拥有单独的 IP 地址。IPv6 的口号是"让每一粒沙子都有 IP"。IPv6 的地址空间扩大以后，可以让地址分配更加合理，网络更加安全，甚至实现网络设备的即插即用，使得从互联网到最终用户之间的连接不经过用户干预就能够快速建立起来。2003 年 10 月，CERNET2 的开通标志着我国的 IPv6 骨干网已经投入试运行，主要软硬件均具有自主知识产权，处于世界领先地位。

高智能是指将信息的单位由第三代计算机网络的字符提升为概念，从而极大地减少上网用户的信息筛选劳动量，提高网络设备对信息的智能处理水平。

高协同是指大量采用分布计算技术，充分发掘联网计算机的富余处理能力进行协同计算，发挥网络资源优势，形成巨大的数据处理能力。

## 1.2 计算机网络的基本概念

### 1.2.1 计算机网络的定义和分类

简单地说，计算机网络就是"互联起来的独立自主的计算机集合"。

如果更准确一些，也可将计算机网络定义为"利用通信设备和线路，将分布在不同地理位置的、功能独立的多个计算机系统连接起来，以功能完善的网络软件（网络通信协议及网络操作系统等）实现网络中资源共享和信息传递的系统"。

由这个定义可知计算机网络由许多计算机系统互联而成。这些计算机系统既有可能是一台单独的计算机，也有可能是多台计算机构成的另一个计算机网络。这些计算机系统在空间上是分散的，既有可能在同一张桌上，同一栋楼里，也有可能在不同的城市，不同的大陆。这些计算机系统是自治的，即断开网络连接，它们也能独立工作。这些计算机系统要通过一定的通信手段，如电缆、光纤、无线电等媒介，加上配套网络通信协议及网络操作系统等软件才能实现互联。这些计算机系统互联的结果是完成数据交换，目的是实现信息资源的共享，实现不同计算机系统间的相互操作，以完成工作协同和应用集成。

计算机网络种类繁多，主要可以归纳为以下几种类型。

按网络的传输技术分类，可分为广播式网络和点到点网络两类。

广播式网络仅有一条通信信道，网络上的所有计算机都共享这个通信信道。当一台计算机在信道上发送分组或数据包时，网络中的每台计算机都会接收到这个分组，并且将自己的地址与分组中的目的地址进行比较，如果相同，则处理该分组，否则将它丢弃。在广播式网络中，若某个分组发出以后，网络中的每一台计算机都接收并处理它，则称这种方式为广播。若分组是发送给网络中的某一些计算机，则称为多点播送或组播。若分组只发送给网络中的某一台计算机，则称为单播。很多工业控制网络均为广播式网络。

点到点网络是两台计算机之间通过一条物理线路连接。若两台计算机之间没有直接连接的线路，分组可能要通过一个或多个中间节点进行接收、存储、转发，才能将分组从信源发送到目的地。由于连接多台计算机之间的线路结构可能非常复杂，存在着多条路由，因此在点到点网络中如何选择最佳路径显得特别重要。互联网就是一种点到点网络。

按地域范围（网络所覆盖的地理范围）分类，可分为局域网（LAN）、城域网（MAN）和广域网（WAN）三类。

三者之中 LAN 覆盖范围最小，最小仅覆盖一间教室，最大一般也只覆盖一个校园的范围，是目前发展较成熟、应用较普及的计算机网络，如图1-4所示。MAN 是在大城市范围内构造的计算机网络，如图1-5 所示。WAN 是在国家范围内，甚至在跨国企业或国际组织范围内构造的计算机网络，如图1-6 所示。

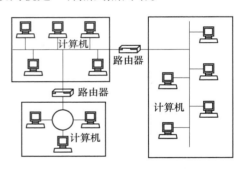

图1-4 局域网

按组建属性（网络的设计、使用和拥有的属性）分类，可以分为公用网和专用网两类。

公用网由电信部门组建，一般由政府电信部门管理和控制。网络内的传输和交换装置可提供（如租用）给任何部门和单位使用，例如公共电话交换网（PSTN）、数字数据网（DDN）、综合业务数字网（ISDN）等。专用网是由某个特定的单位或部门组建，不允许其他部门或单位使用的网络，例如金融、石油、铁路等行业

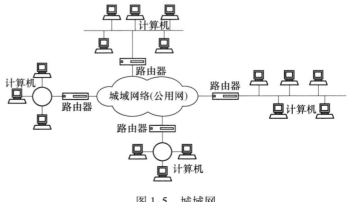

图1-5 城域网

都有自己的专用网。专用网可以租用电信部门的传输线路，也可以自己铺设线路，但后者的成本非常高。

图1-6 广域网

按通信介质分类，可分为有线网和无线网两类。

有线网是指采用双绞线、同轴电缆、光纤连接的计算机网络。有线网的传输介质包括双绞线、同轴电缆和光纤。无线网使用电磁波传播数据，它可以传送无线电波和卫星信号。无线网包括无线局域网、移动电话网、无线电视网、微波通信网和卫星通信网。

按管理类型分类，可分为内联网、外联网和 Internet 三类。

内联网是指企业的内部网，是由企业内部原有的各种网络环境和软件平台组成的，例如传统的客户机/服务器模式，逐步改造、过渡、统一到像 Internet 一样使用方便，即使用 Internet 上的浏览器/服务器模式。在内部网上采用通用的 TCP/IP 作为通信协议，利用 Internet 的 WWW 技术，以 Web 模型作为标准平台。内联网一般具备自己的 Internet Web 服务器和安全防护系统，为企业内部服务。

相对内联网而言，外联网泛指企业之外，需要扩展连接到与自己相关的其他企业网。采用 Internet 技术，又有自己的 WWW 服务器，但不一定与 Internet 直接进行连接的网络。同时必须建立防火墙把内联网与 Internet 隔离开，以确保企业内部信息的安全。

Internet 是目前最流行的国际互联网。Internet 建立在全球性的各种通信系统基础上，像一个无法比拟的巨大数据库，并结合多媒体的"声、图、文"表现能力，不仅能处理一般数据和文本，而且也能处理语音、静止图像、电视图像、动画和三维图形等，故在全世界范围得到广泛应用。

按拓扑结构分类，可将计算机网络分为星形、树形、环形、总线形、不规则形和全连接形 6 种基本形式，如图1-7所示。

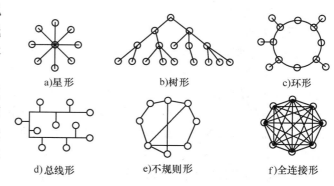

a)星形　　b)树形　　c)环形

d)总线形　　e)不规则形　　f)全连接形

图1-7 网络拓扑结构

在星形拓扑中，每个站通过点对点链路连接到中央节点，任何两点之间的通信都要通过中央节点进行。中央节点通信负担重，结构也很复杂，而外围节点通信量很小，结构也较简单。

在树形拓扑中，末端节点通信量最小，分叉节点的通信则可大可小，这主要取决于此分叉下节点的数量，且每个分叉可以自成一体。由于可以按设备类型和使用要求的不同来组成分叉，因此树形拓扑组网灵活，适应性强，适合于主次分明、等级严格的层次型管理系统。

在环形拓扑中，由中继器通过点对点链路连接构成封闭的环路，外围的工作站通过中继器与环路相连。工作站将要发送的数据拆分成组，并在加工控制信息后传送给与之相连的中继器，中继器将数据沿一个方向（顺时针或逆时针）依次转发直至送达目的工作站。

在总线形拓扑中，传输介质是一条总线，工作站通过相应硬件接口接至总线上。一个站发送数据，所有其他站都能接收，故这种通信方式又称为广播式通信。树形拓扑中，当分叉节点发送数据时，与之相连的多个节点亦能同时接收，也是一种广播通信。

全连接形拓扑是在任意两个节点间均有线路连接，可以直接通信。而不规则形拓扑则是以上几种基本拓扑结构的混合。

## 1.2.2 计算机网络的结构与功能

根据网络的定义，一个典型的计算机网络主要由计算机系统、数据通信系统、网络软件及协议三大部分组成。计算机系统是网络的基本模块，为网络内的其他计算机提供共享资源；数据通信系统是连接网络基本模块的桥梁，提供各种连接技术和信息交换技术；网络软件是网络的组织者和管理者，在网络协议的支持下，为网络用户提供各种服务。

### 1. 计算机系统

计算机系统主要完成数据信息的收集、存储、处理和输出任务，并提供各种网络资源。根据在网络中的用途，计算机系统可分为服务器（Server）和工作站（Work Station）。服务器负责数据处理和网络控制，并构成网络的主要资源。工作站又称为客户机（Client），是连接到服务器的计算机，相当于网络上的一个普通用户，它可以使用网络上的共享资源。

### 2. 数据通信系统

数据通信系统主要由网络适配器、传输介质和网络互联设备等组成。网络适配器（又称为网卡）主要负责主机与网络的信息传输控制。传输介质包括双绞线、同轴电缆、光纤和无线电。网络互联设备用来实现网络中各计算机之间的连接、网与网之间的互联及路径选择。常用的网络互联设备有中继器（Repeater）、集线器（Hub）、网桥（Bridge）、路由器（Router）和交换机（Switch）等。

### 3. 网络软件

网络软件是实现网络功能所不可缺少的软环境，主要是网络协议和协议软件以及网络通信软件、网络操作系统和网络管理及网络应用软件。网络通信软件是用于实现网络中各种设备之间进行通信的软件，其中网络协议软件实现网络协议功能，比如 TCP/IP、IPX/SPX 等。网络操作系统实现系统资源共享，管理用户的应用程序对不同资源的访问。典型的操作系统有 NT、Netware、UNIX 等。网络管理及网络应用软件是用来对网络资源进行管理，对网络进行维护的软件。网络管理及网络应用软件为网络用户提供服务，帮助网络用户在网络上解决实际问题。网络管理及网络应用软件种类繁多，常用的网络应用软件有 Internet Explorer、迅雷、CuteFTP 以及各种杀毒软件、网关和防火墙等，常用的网络管理软件有 IBM Tivoli、HP OpenView、CA Unicenter 和 CiscoWorks 等。

按照计算机网络的系统功能，计算机网络结构通常可划分为资源子网和通信子网两大部分，如图 1-8 所示。

资源子网主要负责全网的数据处理业务，为网络用户提供各种网络资源与网络服务。资源子网由主机、终端、终端控制器、联网外设、各种软件资源与信息资源组成。

通信子网主要负责全网的数据通信，为网络用户提供数据传输、转接、加工和变换等通信处理服务。通信子网由通信控制处理机、通信线路与其他通信设备组成，完成网络数据传输、转发等通信处理任务。

### 1.2.3　计算机网络的作用

从纯技术的角度来说，计算机网络的作用主要实现了数据交换和通信、资源共享、提高系统的可靠性以及分布式网络处理和负载均衡四大功能。

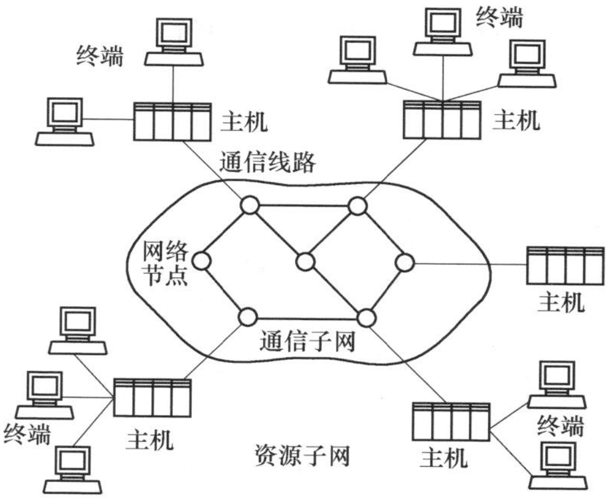

**1. 数据交换和通信**

计算机网络中的计算机之间或计算机与终端之间，可以快速可靠地相互传递数据、程序或文件。

**2. 资源共享**

充分利用计算机网络中提供的资源（包括硬件、软件和数据）是计算机网络组网的主要目标之一。

图 1-8　计算机网络的资源子网和通信子网

**3. 提高系统的可靠性**

在一些用于计算机实时控制和要求高可靠性的场合，通过计算机网络实现备份技术，可以提高计算机系统的可靠性。

**4. 分布式网络处理和负载均衡**

对于大型的任务或当网络中某台计算机的任务负荷太重时，可将任务分散到网络中的各台计算机上，或由网络中比较空闲的计算机分担任务。

## 1.3　工业控制网络的特点与趋势

随着计算机网络技术的发展，Internet 正在把全世界的计算机系统、通信系统逐渐集成起来，形成信息高速公路及公用数据网络。在工厂，计算机网络的最后 100m 或者说是计算机网络的末梢，就是工业控制网络。随着计算机网络向工厂的不断渗透，传统的工业控制领域也正经历一场前所未有的变革，开始向数字化网络的方向发展，形成了新的工业控制网络。工业控制系统的结构从最初的 CCS（计算机集中控制系统），到第二代的 DCS（集散控制系统），发展到现在流行的 FCS（现场总线控制系统）。而新一代的工业以太网控制系统又将引起工控领域新的变革。

### 1.3.1　工业控制网络的回顾

20 世纪 60 年代，数字计算机进入控制领域，产生了第一代控制系统——CCS（计算机集中控制系统），其结构如图 1-9 所示。

在 CCS 中，数字计算机取代了传统的模拟仪表，从而能够使用更为先进的控制技术，例如复杂控制算法和协调控制，使自动控制发生了质的飞跃。但由于控制简单，直接面向控制对象，并未形成控制网络体系，故 CCS 在集中控制的同时也集中了危险，系统可靠性很低。由于只有一个 CPU 工作，实时性差。系统越大，上述缺点越突出。

真正意义的工业控制网络体系是20世纪70年代出现的第二代计算机控制系统——DCS（分散型控制系统，也称集散控制系统），其结构如图1-10所示。目前所使用的DCS有环形、总线形和分级式几种，其中分级式应用最为普遍。

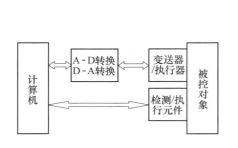

图1-9　计算机集中控制系统结构

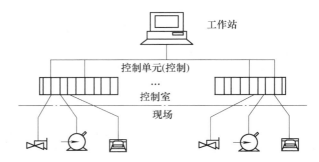

图1-10　集散控制系统

典型的DCS可分为工作站级、过程控制级和现场仪表三级。这种控制系统的特点是"集中管理，分散控制"。其基本控制功能在过程控制级中，工作站级的主要作用是监督管理。分散控制使得系统由于某个局部的不可靠而造成对整个系统的损害降到很低的程度，加之各种软硬件技术不断走向成熟，极大地提高了整个系统的可靠性，因而迅速成为工业自动控制系统的主流。

然而DCS的缺点也是十分明显的。首先其结构是多级主从关系，底层相互间进行信息传递必须经过主机，从而造成主机负荷过重，效率低下，并且主机一旦发生故障，整个系统就会"瘫痪"。其次它是一种数字-模拟混合系统，DCS的现场仪表仍然使用传统的4～20mA电流模拟信号，传输可靠性差，成本高。再有各厂家的DCS自成标准，通信协议封闭，极大地制约了系统的集成与应用。

## 1.3.2　现场总线控制系统

为了克服DCS的技术瓶颈，进一步满足现场的需要，FCS（现场总线控制系统）应运而生。FCS实际上是连接现场智能设备和自动化控制设备的双向串行、数字式、多节点通信网络，也被称为现场底层设备控制网络。和互联网、局域网等类型的信息网络不同，FCS直接面向生产过程，因此要求很高的实时性、可靠性、资料完整性和可用性。为满足这些特性，现场总线对网络通信协议做了简化。

在现场总线技术发展的最初，各大公司都建立了自己的现场总线协议标准。IEC组织于1999年12月31日投票，确定了8大总线作为国际现场总线标准，其中包括CAN Bus、PROFIBUS、InterBus、ModBus、Foundation FieldBus等。

FCS综合了数字通信技术、计算机技术、自动控制技术、网络技术和智能仪表等多种技术手段，从根本上突破了传统的"点对点"式的模拟信号或数字-模拟信号控制的局限性，构成一种全分散、全数字化、智能、双向、互联、多变量、多接点的通信与控制系统。相应的控制网络结构也发生了较大的变化。FCS的典型结构分为现场层、车间层和工厂层三层，如图1-11所示。

虽然现场总线技术发展非常迅速，但是也暴露出一些不足，这些问题如果解决不好，将会制约现场总线应用范围的进一步扩大。

**1. 现场总线的选择**

虽然目前 IEC 已制定了国际总线标准，但是总线种类仍然过多，而每种现场总线都有自己最合适的应用领域。如何在实际中根据应用对象，将不同层次的现场总线组合使用，使系统的各部分都选择最合适的现场总线，对用户来说，这仍然是比较棘手的问题。

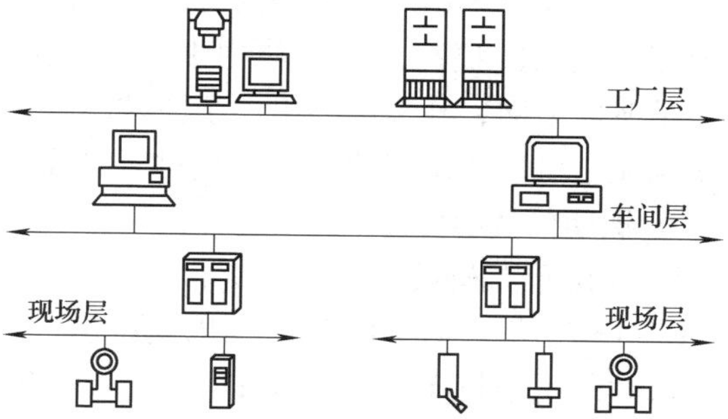

图 1-11　现场总线控制系统结构

**2. 系统的集成**

由于实际应用中一个系统很可能采用多种形式的现场总线，因此如何把工业控制网络与数据网络进行无缝集成，从而使整个系统实现管控一体化，是一个关键环节。在设计现场总线系统的网络布局时，不仅要考虑现场各节点的距离关系，还要考虑现场节点之间的功能关系、信息在网络上的流动情况等。由于智能化现场仪表的功能很强，许多仪表会有同样的功能块，因此组态时选哪个功能块是要仔细考虑的，并要使网络上的信息流动最小化。同时，通信参数的组态也很重要，要在系统的实时性与网络效率之间做好平衡。

**3. 技术瓶颈**

主要表现在：①当总线电缆截断时，整个系统有可能瘫痪。用户希望这时系统的效能可以降低，但不能崩溃，这一点目前许多现场总线不能保证。②本质安全防爆理论的制约。现有的防爆规定限制总线的长度和总线上负载的数量，这就是限制了现场总线节省线缆优点的发挥。目前各国都加强了对现场总线本质安全概念理论的研究，争取有所突破。③系统组态参数过分复杂。现场总线的组态参数很多，不容易掌握，且组态参数设定得好坏对系统性能影响很大。

## 1.3.3　工业以太网

控制网络的基本发展趋势是逐渐趋向于开放性、透明的通信协议。现场总线技术出现问题的根本原因在于现场总线的开放性是有条件的、不彻底的。正因为如此，工业以太网得以兴起。

以太网具有传输速度快、耗能低、易于安装和兼容性好等优势。由于它支持几乎所有流行的网络协议，所以广泛用于商业系统中。近些年来，随着网络技术的发展，以太网进入了控制领域，形成了新型的以太网控制网络技术——工业以太网。出现这个情况的一个主要原因是工业自动化系统向分布化、智能化控制方面发展，开放的、透明的通信协议是必然的要求。目前的现场总线由于种类繁多，互不兼容，尚不能满足这一要求。而以太网的 TCP/IP 的开放性使得其在工业控制领域的通信环节中具有无可比拟的优势。

**1. 实时性**

传统的以太网采用的是一种随机访问协议——带冲突检测的载波监听多路介质访问控制协议（CSMA/CD），对响应时间要求严格的控制过程会产生冲突。近些年来出现了快速交换式以太网技术，采用全双工通信，可以完全避免 CSMA/CD 中的冲突，并且可以方便地实现优先级机制，保证网络带宽的最大利用率和最好的实时性能，从而有效地克服了 CSMA/CD、主从、令牌等介质访问控制协议可能存在的通信阻滞对工业控制过程的影响。另一方面，网络速度也在不断提高，从最初的十兆以太网（10Mbit/s）发展到快速以太网（100Mbit/s）再到千兆以太网，甚至已经出现了完整的万兆以太网解决方案。因此，有理由相信，未来的以太网完全可以满足工业控制系统对实时性的要求。

**2. 透明的 TCP/IP**

TCP/IP 已是国际共通的标准，TCP/IP 极其灵活，几乎所有的网络底层技术都可用于传输 TCP/IP 通信。应用 TCP/IP 的以太网已成为最流行的分组交换局域网技术，同时也是最具开放性的网络技术。TCP/IP 进入工业现场，使得工厂的管理可以深入到控制现场，是企业内联网延伸到现场设备的基础。可以通过互联网实现工业生产过程远程监控、系统远程调试和设备故障远程诊断。具有 TCP/IP 接口的现场设备，可以无须通过现场的计算机直接连接互联网，实现远程监控或远程维修功能。

**3. 资源共享**

目前，一旦选用某一种现场总线作为现场自动化的网络架构，则所有的硬件采购、布线施工、软件开发、维护等都受制于此架构。若要利用其他公司的产品，则系统的集成又将成为难点。采用工业以太网架构后，无论是电缆、连接器、集线器、交换机还是网络接口，甚至软件开发环境皆与主流市场相同，很容易达到资源共享，并且产品选择余地大，产品价格更低。

## 1.3.4　工业控制网络的发展趋势

工业控制网络方兴未艾，即将迎来更大的发展。

从目前趋势来看，工业以太网进入现场控制级毋庸置疑。但至少现在看来，它还难以完全取代现场总线作为实时控制通信的单一标准。已有的现场总线仍将继续存在，最有可能的是发展一种混合式控制系统。现场总线将与工业以太网互为补充，长期并存。

以太网进入工业控制领域还有许多需要解决的问题，并非每种现场总线协议都将被以太网 TCP/IP 所替代。例如，对于 I/O 设备和传感器、执行器而言，应用 AS-i 和 CAN 这两种现场总线无疑是最佳的选择（AS-i 传输 4 位数据，且可带电；CAN 最多传输 8 个字节）。还有一些专用总线，如 SERCOS（用于数控）、Instabus（用于楼宇）都有专门的应用领域，而这些领域均不适宜应用工业以太网。另外，易燃、易爆（如化工、制药），以及环境条件恶劣、可靠性要求很高的应用场合，也不适宜应用工业以太网。此外，工业以太网控制的实时性、信息传输的安全性与可靠性也需要进一步提高。

关于网络和工业控制网络未来的发展，朗讯科技贝尔实验室总裁耐特拉瓦利在贝尔中国研究院 2000 年成立时对互联网做出了七大预言：

1) 到 2010 年，全球互联装置之间的通信量将超过人与人之间的通信量。届时您家中的洗碗机将能自动呼叫生产厂商并报告故障，厂家则可进行远程诊断。

2) 到 2025 年，我们生活的地球将披上一层"通信外壳"，这层通信外壳将由热动装置、压力计、污染探测器等数以百万计的电子测量设备构成。它们负责监控城市、公路和环境，并随时将测量数据直接输入网络，其方式酷似我们的皮肤不断将感觉数据流传输到我们的大脑。

3）带宽的成本将变得非常低廉，甚至可以忽略不计。随着带宽瓶颈的突破，未来网络的收费将来自服务而不是带宽。交互性的服务，如节目、联网的视频游戏、电子报纸和杂志等服务将会成为未来网络价值的主体。

4）个人及企业将获得大量个性化服务。这些服务将会由软件人员在一个开放的平台中实现。由软件驱动的智能网技术和无线技术将使网络触角伸向人们所能到达的任何角落，同时允许人们自行选择接收信息的表现。

5）Internet 将从一个单纯的大型数据中心发展成为一个更为聪明的高智商网络。其中的个人网站复制功能将不断预期人们的信息需求和喜好，用户将通过网站复制功能筛选网站，过滤掉与其无关的信息，并将其以最佳格式展现出来。

6）高智能网络将成为人与信息之间的高层调节者。您可以同通信设备直接讲话，如"我想同芝加哥的 Bob 谈话"，通信设备就会为您找到最佳连接路径。

7）我们将看到一个充满虚拟性的新时代。在这个虚拟时代，人们的工作和生活方式都会改变，那时我们将进行虚拟旅行，读虚拟大学，在虚拟办公室里工作，进行虚拟的驾车测试……

未来究竟如何，让我们拭目以待！

# 本 章 小 结

本章介绍了计算机网络的基本组成和发展趋势，分析了计算机网络的重要意义，简要介绍了工业控制网络的特点和发展趋势。通过对本章的学习，读者将对计算机网络的来龙去脉有一个基本的了解，激发读者进一步学习的兴趣。

## 思 考 与 练 习

1. 网络发展分哪几个阶段？每个阶段的主要特征是什么？
2. 简述计算机网络的定义及组成。
3. 你认为计算机网络将如何影响我们的生活？试举例说明。
4. 计算机网络按地域范围、组建属性和拓扑结构如何分类？
5. 现场总线是一种工业控制网络吗？有什么优点和缺点？
6. 工业控制网络分哪几个阶段？发展趋势如何？

# 第 2 章  计算机网络基础

## 2.1  网络数据通信基础

### 2.1.1  基本概念

数据通信是计算机网络的基础，没有数据通信技术的发展就没有计算机网络的今天。本节主要介绍数据通信的基本概念、基础理论，各种数据编码技术、传输技术、多路复用技术和交换技术。

**1. 数据系统的基本组成**

通信的目的是信息交换。信息的载体可以是多媒体，包含语音、音乐、图形图像、文字和数据等。近年来，数据通信成为现代通信系统的基础，特别是数据通信技术和计算机技术的紧密结合，可以说是通信发展史上的一次飞跃。下面简单介绍数据通信的一些基本概念。

（1）数据、信息与信号  计算机都是以数据形式处理信息。数据和信息这两个术语常常互通使用，其实它们之间是有差别的。信息是物质、事物、现象及属性、状态、关系标记的集合，可以采用数值、文字、图形、声音以及动画等进行表述；而数据是对信息的抽象表达及加工。简单地说，数据是信息的表达形式，信息是数据的内容。

数据分为模拟信号（在某个区间连续变化的物理量）和数字信号（离散的不连续的量）。如图 2-1 所示，两种信号之间可以相互转换。

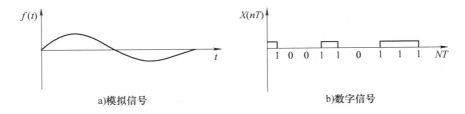

图 2-1  模拟信号和数字信号

（2）信道和信道容量  信道是信号传输的通道，由传输介质及相应的中间通信设备组成。信道可以根据传输介质的类型分为有线信道和无线信道，或按传送的信号类型分为模拟信道和数字信道。模拟、数字两种信号都可以经过调制后在信道上传输。

信道容量是指它能传输信息的最大能力，用单位时间内可传送的最大比特数表示。信道容量应大于传输速率，才能保证传输速率指标的实现。

**2. 数据通信中的其他概念**

传输数据时，人们希望传输速度快、信息量大、可靠性高、成本低廉、便于维护。这些具体要求，一般由以下几项指标来衡量。

（1）波特率和比特率　数据传输速率常用波特率和比特率来表示。

波特率是每秒钟能够传送的信号脉冲的数量，以波特（Baud）为单位，是传送一个信号脉冲所需时间的倒数。若以 $T$（s）表示时间，则波特率 $B = 1/T$。

比特率是每秒所传输的信息的数量，故又称为信息速率，单位为 bit/s。比特率与波特率和脉冲编码所携带的信息量有关，因此比特率 $S$ 可表示为

$$S = B\log_2 N$$

式中，$S$ 为数据传输速率（bit/s）；$N$ 为码元的种类。

（2）误码率　误码率是指信道传输信号的出错率，是衡量通信系统线路质量的一个重要指标。它可以表示为

$$Pe = N_E/N$$

式中，$Pe$ 为误码率；$N$ 为传输的总比特数；$N_E$ 为传错的比特数。

计算机网络通信系统中，要求误码率低于 $10^{-6}$，即平均每传输 1Mbit 才允许错 1bit 或更低。应该指出，不要盲目追求低误码率，因为这将使设备变得复杂。设计一个通信系统应根据系统任务具体分析，在满足可靠性的基础上应尽量提高传输速率。

（3）调制与解调　调制就是通过调制器将数字信号波形变换成适于模拟信道传输的波形，再根据数据的内容（0 或 1）来改变载波的特性（振幅、频率或相位），然后将经过改变的载波送出去，这个过程称为调制。载波是指可以用来载送数据的信号，一般用正弦波作为载波。

在接收端，通过解调器将被修改的载波与正常的载波比较（去掉载波），恢复出原来的数据，这个过程称为解调。调制与解调是互反的过程，如图 2-2 所示。

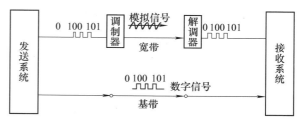

图 2-2　调制与解调

## 2.1.2　数据编码技术

数据有模拟和数字之分，为了使数据（模拟或数字）能在通信信道上进行传输，可将数据表示成适当的信号（模拟或数字信号）形式，这一过程称为数据编码。数据编码方法主要有数字数据用数字信号表示、数字数据用模拟信号表示和模拟数据用数字信号表示三种。

**1. 数字数据用数字信号表示**

对于数字信号传输来说，最普遍且最容易的方法是用两个不同的电压极性或电平值来表示二进制数字的两个取值。下面介绍几种常用的编码方法。

（1）非归零（NRZ）编码　用低电平（不能是 0 电平）表示逻辑"0"，高电平表示逻辑"1"，如图 2-3a 所示。

（2）非归零交替（NRZI）编码　根据相邻电平的变化情况编码，单位时间内发生电平变化表示为"1"，不发生电平变化表示为"0"，如图 2-3b 所示。

上述两种编码的缺点是编码中不含有同步信号，接收和发送不能保持同步，不适合成块数据的一次性传输。

（3）曼彻斯特编码　曼彻斯特编码也称相位编码。特点是每位中间有一个跳变。该跳变既作为时钟，又代表数字信号的取值，由低电平变至高电平代表"1"，由高电平变至低电平代表"0"。也可以用相反的跳变来表示，这由编码的逻辑电路决定，如图 2-3c 所示。以太网采用的是曼彻斯特编码。

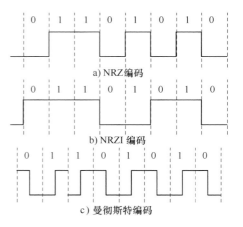

图 2-3　常用编码方式

曼彻斯特编码方法简单，用时钟信号对发送的数据信息进行"异或"操作就可以实现。如图 2-4 所示曼彻斯特编码的逻辑电路和编码过程。发送时钟可用正时钟或负时钟。

（4）差分曼彻斯特编码　每位中间有一个跳变。该跳变只作为位同步时钟，与数据信号无关，"0"和"1"是根据两位之间有没有跳变来区分，如图 2-5 所示。

曼彻斯特编码和差分曼彻斯特编码的缺点都是效率低（因为要求时钟频率是信号频率的 2 倍），但是由于它们便于同步，所以得到了普遍应用，已成为局域网的标准编码。

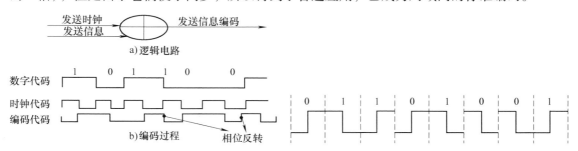

图 2-4　曼彻斯特编码的逻辑电路和编码过程　　　　图 2-5　差分曼彻斯特编码

## 2. 数字数据用模拟信号表示

人们希望利用现有的电话网络来传输数字数据，而每路电话信道带宽只有 3.4kHz，这类信道无法直接传输由许多频率叠加生成的数字信号（脉冲）。因此需要将数字数据转换成模拟信号进行传输，到接收端再还原为数字数据。一般在音频范围内选择某一频率的正弦波作为载波。用数据信号的变化分别对载波的某些特性（振幅、频率、相位）进行控制，使数字数据"寄载"到载波上，这个过程称为调制。下面分别介绍三种调制技术。

（1）幅移键控（ASK）　幅移键控也称为调幅，它使载波的幅度随发送的信号变化，用变化的载波信号幅度来表示数字信号"0"和"1"，频率和相位不发生改变。其优点是调制方式简单，易实现，缺点是抗干扰能力差，效率低，如图 2-6a 所示。

（2）频移键控（FSK）　频移键控也称调频，它通过改变载波信号的频率来表示数字信号"0"和"1"，如用高频信号表示"1"，低频信号表示"0"。其优点是调制方式简单，易实现，抗干扰能力强，如图 2-6b 所示。

（3）相移键控（PSK）　相移键控也称调相，即通过改变载波信号的相位来表示数字信号"0"和"1"，如"1"对应于相位 0，"0"对应于相位 180，也可用发生相位变化表示"1"，未发生相位变化表示"0"。相移键控又分为绝对调相和相对调相。其优点是抗干扰能力强，且编码效率较频移键控高，如图 2-6c 所示。

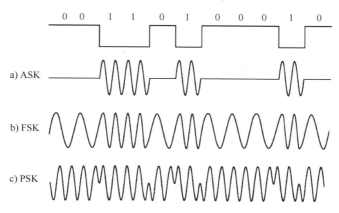

图 2-6　用模拟信号表示数字信号

### 3. 模拟数据用数字信号表示

数字信号传输具有失真小、误码率低、费用低、传输速率高等优点，所以常通过编码器将模拟数据进行数字化后通过数字信道传输。模拟信号数字化编码的最常见方法是脉冲编码调制（PCM），简称脉码制，此外还有增量调制（DM）方法。

（1）脉冲编码调制（PCM）　PCM 常用于声音信号的编码，它以采样定理为基础。采样定理指出：如果在等间隔的时间内，以大于等于原信号最高有效频率的 2 倍速率对信号 $f(t)$ 进行采样，那么采样值包含了原信号 $f(t)$ 的全部信息。

例如某种声音信号，其带宽频率在 4000Hz 以下，若每秒采样 8000 次，则其采样值完全可以代表声音信号特征。模拟数据数字化编码过程包括采样、量化和编码三个步骤。

（2）增量调制（DM）　对于 DM，数字化脉冲不代表原模拟信号幅值本身，而脉冲信号流仅代表当前采样值和前一个采样值之差。如图 2-7 所示，如果当前的采样值大于前一个采样值，则用"1"表示，否则用"0"表示，即用逼近模拟信号的增量来产生信号流。

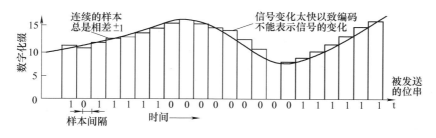

图 2-7　增量调制

在相同数据传输速率的情况下，DM 的信号质量与 PCM 差不多，但要求更高的采样率。如果产生 56kbit/s 声音信号，PCM 只需每秒采样 8000 次，而 DM 需要每秒采样 56000 次，但是与 PCM 系统相比 DM 系统更简单，成本更低。

### 2.1.3 数据传输技术

**1. 基带传输与宽带传输**

信号的传输方式分为基带（Baseband）传输与宽带（Broadband）传输两大类。

基带传输是指将数据转换为脉冲信号直接加到电缆上传送出去，如数字"1"转换为高电平，数字"0"转换为低电平。基带传输每次只传送1个信号，通信双方轮流传送，被传送的信号完全占用电缆的整个频宽。LocalTalk及以太网都采用基带传输。

宽带传输是指将经过调制的数据直接加载到载波信号上传送出去。宽带传输可以同时传送多个信号，每个信号使用电缆带宽中的一个独立的部分。

需要注意的是，宽带传输中的"宽带"与平时所说的宽带上网的"宽带"是完全不同的观念。宽带传输的"宽带"是指数据如何转换为信号加载到传输介质上传输，是相对于"基带传输"而言的；宽带上网的"宽带"是表示线路的传输带宽很宽，数据传输速率高，是相对于拨号上网等"窄带连接"而言的。

**2. 同步传输与异步传输**

同步就是要接收方按照发送方发送的每个码元/比特起止时刻和速率来接收数据。实现收发之间的同步是数据传输中的关键技术之一，常使用的同步技术有异步传输和同步传输两种。

（1）异步传输 异步传输方式是最简单的同步措施，每次只传送一个字符，每个字符的首位和末位分别设1位起始位和1位、1.5位或2位停止位，分别表示字符的开始和结束。起始位是"0"，结束位是"1"。收发双方各自采用独立的时钟系统定期进行同步，一般要每个字符进行一次同步，因此也叫字符同步方式，如图2-8所示。

图2-8 异步传输

特点是易于实现，价格便宜。但由于每个字符都要附加2~3位作为起止位，线路利用率低，适用于键盘等低速终端设备。

（2）同步传输 同步传输时，将字符组合起来一起发送，这个组合称为帧。在发送这些数据之前先发送一个一定长度的位模式，一般称为前同步信号，用于接收方进行同步检测，从而使收发双方进入同步状态。数据结束后加上后同步信号（或后文）。位于前、后同步信号之间的数据信息构成了一个完整的异步传输方式下的数据单位，称为帧。

因为同步传输以位块为单位（几千比特），额外开销小，因此传输效率高，在数据通信中得到了广泛应用。但这种方式的缺点是发送端和接收端的控制复杂，且对线路要求也较高。

**3. 并行传输与串行传输**

依据数据线数目的多少，可以将数据传送分为并行传输与串行传输两种。

（1）并行传输 数据由多条数据线同时传送和接收，每个比特使用单独的一条线路，在计算机内部的数据通信通常都以并行方式进行，如图2-9所示。并行的优点是传输速率高，但发送端与接收端之间有若干条线路，导致费用高，仅适合于近距离和高速率通信。这也是现场总线采用串行方式的原因。

（2）串行传输 串行通信在传送数据时，依序每次送出或接收一个比特位。由于计算机内部都采用并行传输，因此，在数据发送之前，要先将计算机中的字符进行并/串变换，然后在接收端再通过串/并变换还原成计算机的字符结构，才能实现串行传输，如图 2-9 所示。串行通信的优点是收、发双方只需要一条传输信道，易于实现，成本低，但传输速率较低。

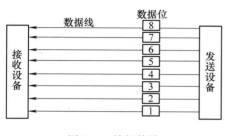

图 2-9 并行传输

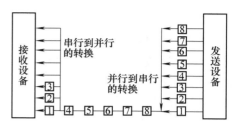

图 2-10 串行传输

### 4. 单工、半双工与全双工通信方式

数据传输系统由发送器、传输介质和接收器组成。根据通信双方信息的交互方式，数据通信可以分为单工、半双工、全双工三种通信方式。

（1）单工通信方式 数据信号只沿单一方向传输，即只发送不接收，或只接收不发送，信号传输方向不得发生改变，如无线电广播、电视信号传输都属于单工通信。

（2）半双工通信方式 信号传送的方向可以通过切换开关装置进行改变，但同一时刻一个信道只允许单方向传输，一方发送信息时另一方只能接收信息，适合于会话式通信，比如公安系统使用的"对讲机"和军队使用的"步话机"。

（3）全双工通信方式 数据可以同时沿相反的两个方向作双向传输。这种通信方式常用于计算机之间的通信。

### 5. 多路复用技术

在实际的计算机网络系统中，为了有效地利用通信线路，希望一个信道能够同时传输多路信号，这就是多路复用技术，如图 2-11 所示。采用多路复用技术进行远距离传输时可大大节省电缆的安装和维护费用。下面介绍常用的三种多路复用技术。

图 2-11 多路复用技术

（1）频分多路复用 一般情况下，物理信道能提供比单路原始信号宽得多的带宽，频分多路复用（Frequency Division Multiplexing，FDM）是将信道的总带宽分割成若干个子信道，每个子信道传输一路信号。这些信号在被传输前，要先通过频谱迁移把各路信号的频谱迁移到物理信道的不同频谱段上，这可以通过采用不同载波进行频率调制实现，如图 2-12 所示。

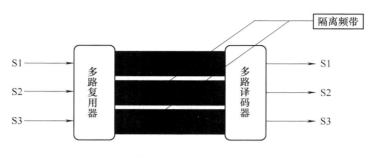

图 2-12　FDM 原理

　　FDM 技术在 20 世纪 30 年代由电话公司开发，用于模拟信号的传输，主要应用在无线电广播传输和有线电视传输中。FDM 技术是多路传输的一种较早形式，效率较低，很少用于现代数据网络中。

　　（2）时分多路复用　时分多路复用（Time Division Multiplexing，TDM）是将一条物理信道按时间分成若干时间片，每个用户轮流分得一时间片，在其占用的时间片内，该用户可使用信道的全部带宽，如图 2-13 所示。TDM 要求传输介质能达到的位传输速率超过单

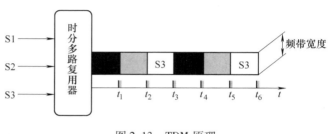

图 2-13　TDM 原理

一信号源所要求的数据传输速率。TDM 又可分为同步 TDM 和异步 TDM。

　　同步 TDM 是指时分方案中的时间片是分配好的，而且是固定不变地轮流占用，与某个信息源是否真有信息要发送无关。这样，时间片与信息源的对应是固定的。在接收端，根据时间片序号便可判断是哪一路信息，即可送往相应的目的地。

　　异步 TDM 允许动态地分配传输介质的时间片，采用在所传输的信息中带有相应的信息来进行信号区分。异步 TDM 可大大减少时间片的浪费，但实现起来要比同步 TDM 困难一些。

　　同步 TDM 适用于短报文，并具有易于实现的特点；异步适用于长报文，并能减轻各站的处理负担。

　　（3）波分多路复用　波分多路复用（Wavelength Division Multiplexing，WDM）实际上是在光频上进行频分复用，是利用光辐射的高频特性及光纤宽频带、低损耗的特点，用一根光纤同时传输几条不同波长的光，将被传送信号通过光发射机进行光强调制，形成不同波长的光载波信号，再用光合波器将这些信号合成一路输出，用光缆传输到终端用户。在终端，用光分波器将信号分开，然后分别送到相应的光接收机。

　　优点是：能在一根光纤中同时传输不同波长的几个甚至成百上千个光载波信号，能充分利用光纤的带宽资源，增加系统的传输容量，并且具有较好的经济效益。

## 2.1.4　数据交换技术

　　广域网一般都采用点到点信道，使用存储转发的方式传送数据。通常把传输过程中的中

间交换设备称为节点，终端设备称为站点，数据经过几次存储转发环节就有几个节点。数据从一个节点传到另一个节点，直至到达目的地为止，数据在节点间的传输就涉及到数据交换技术。数据交换技术主要有电路交换（Circuit Switching）、报文交换（Message Switching）和分组交换（Packet Switching）三种类型。

**1. 电路交换**

电路交换也称为线路交换，是一种直接的交换方式。它通过节点在两个站点之间建立一条临时的专用通道来进行数据交换，这条通道既可以是物理通道又可以是逻辑通道（使用时分或频分复用技术），但一般是全双工的。在线路释放以前，该通路将由该对节点完全占用，电话就采用电路交换技术。

电路交换技术有两大优点：第一是传输延迟小，唯一的延迟是物理信号的传播延迟；第二是一旦线路建立，便不会发生冲突。缺点是呼叫建立时间长、存在呼损、信道利用率低；就通信双方而言，必须做到双方的收发速度、编码方法、信息格式和传输控制等一致才能完成通信。

**2. 报文交换**

报文交换属于存储交换。在报文交换中，每一个报文由传输的数据（报文正文）和报头、报尾组成，报头中有源地址和目标地址及其他辅助信息，有时报尾可以省略。节点根据报头中的目标地址为报文进行路径选择，直至将数据发送到目的节点。每一节点都将接收到的数据先进行存储再转发给下一个节点。电报系统使用的就是报文交换技术，如图 2-14 所示。

报文交换的特点是：节点之间通信不需要专用通道，时延小，节点间可根据电路情况选择不同的速度传输，数据传输高效、可靠。报文交换技术要求各节点具备足够的报文数据存放能力，节点存储/转发的时延较大，不适于交互式通信。为解决上述问题，引入了分组交换技术。

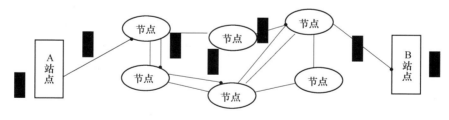

图 2-14　报文交换

**3. 分组交换**

分组交换技术是报文交换技术的改进。分组交换的工作原理与报文交换相同，只是把较长的报文划分成一系列报文分组，这样就降低对各节点数据存放能力的要求。同时分组交换技术能保证任何用户都不长时间独占某传输线路，减少了传输延迟，提高了网络的吞吐量；还提供一定程度的差错检测和代码转换能力，因而非常适合于交互式通信。

分组交换要进行组包、拆包和重装过程，增加了报文的加工处理时间，需要考虑如何提高响应速度。

**2.1.5　传输介质**

传输介质也称传输媒质或通信介质。在计算机网络中，传输介质是指通信双方之间用于传输信息的物理通路。

**1. 同轴电缆**

同轴电缆是由绕同一轴线的两个导体所组成，如图 2-15 所示，由内导体（铜芯信号导线）、绝缘层、外导体（网状屏蔽层）和塑料绝缘外套四个部分组成。外导体的作用是屏蔽电磁干扰和辐射，也可以作信号地线。同轴电缆具有较高的带宽和极好的抗干扰特性，能用于长距离的信号传输，但数据传输速率不太高。

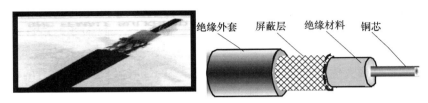

绝缘外套　屏蔽层　绝缘材料　铜芯

图 2-15　同轴电缆的外形及结构

同轴电缆分为用于传输数字信号的 50Ω 电缆（也称基带同轴电缆）和用于有线电视（CATV）系统的 75Ω 标准电缆两类。50Ω 同轴电缆有粗缆和细缆两种，分别称为 10Base5 电缆和 10Base2 电缆。其中"10"表示数据传输速率为 10Mbit/s；"Base"表示基带传输；"5"表示最大段长度为 500m；"2"表示最大段长度为 185m。

常用同轴电缆的型号和应用如下：

阻抗为 50Ω 的 RG-8 或 RG-11 粗缆，数据传输速率一般为 10Mbit/s，用于粗缆以太网。

阻抗为 50Ω 的 RG-58A/U 或 C/U 细缆，用于细缆以太网，与网络适配器的连接需要 BNC 连接器。

阻抗为 75Ω 的 RG-59 电缆，用于有线电视（CATV），可传输 FDM 模拟信号，也可传输数字信号。

**2. 双绞线**

双绞线（TP）由以螺旋形拧在一起的一对包有绝缘层的铜线组成。双绞线是目前最常用的一种传输介质，既可传输模拟信号，也可传输数字信号。对于模拟信号，每 5~6km 需要一个放大器；对于数字信号，每 2~3km 需要一个中继器。

双绞线可以分为屏蔽双绞线（STP）和非屏蔽双绞线（UTP）两类。

（1）屏蔽双绞线　STP 的每对铜线外面有一层金属丝编织成的屏蔽层包裹着，最外层加上塑料保护套。STP 的抗干扰性能较好，误码率低，支持较远距离，较多网络节点和较高数据传输速率。但与 UTP 相比，安装难度大，价格昂贵。

（2）非屏蔽双绞线　UTP 与 STP 的区别就是没有屏蔽层，每对铜线绞合在一起并依靠绞合产生的消除效果来减少信号的退化。虽然抗噪性较 STP 差，但由于其安装方便，得到了较为广泛的应用。UTP 又称为 10BaseT 电缆，"T"代表 UTP。

TIA/EIA 指定了双绞线电缆的标准，分别为以下 6 类。

1 类线：主要用于电话连接，通常不用于数据传输，包括 2 对双绞线。

2 类线：可用于电话传输和数据传输，但最高速率不超过 4Mbit/s，包括 4 对双绞线。

3 类线：用于数据传输，最高速率为 10Mbit/s，常用于 10BaseT 以太网，有 4 对双绞线。

4 类线：可用于 10BaseT 以太网和 16Mbit/s 令牌环网，有 4 对双绞线。

5 类线：由 4 对铜芯双绞线组成，目前常用于 100Mbit/s 快速以太网，传输距离可达 100m。1000BaseT 以太网也使用了这类线。

6 类线：是一种新型的电缆，最大带宽可以达到 1000MHz，适用于低成本的高速以太网的骨干线路。

**3. 光纤**

光导纤维，简称光纤或者光缆，是发展最为迅速的传输介质，可以传输调制的光信号，适用于以极快的速度传输巨量的信息。

光纤是用玻璃或其他材料拉丝而成，加上外包层后直径一般不超过 0.2mm，在发送端通过用激光器或发光二极管将电信号转换为光信号发送，光波穿过中心纤维到达目的端来进行数据传输，如图 2-16 所示，利用光的全反射原理。按光纤构成材料不同，可分为玻璃纤维、石英纤维、塑料纤维和液芯纤维等。

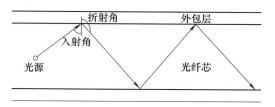

图 2-16　光纤传输原理

物理学中把空间电磁场的形式叫做模式，光是电磁波中的一种，光在空间中的传播也有自己的模式。当纤维芯直径比光波波长大得多时，由于光进入纤维芯的角度不同，在纤维芯中的传播路径也不同，此时就有许多模式同时存在，这种光纤称为多模光纤，在局域网中经常使用；而当纤维芯直径与光波波长相差不大时，光进入光纤芯的角度差别较小，传播路径也较少，模式比较单一，这种光纤称为单模光纤。单模具有传输速率高、距离远、开销大的特点，在广域网中经常使用。

相对于双绞线与同轴电缆，光纤具有数据传输速率高（可达 1000Mbit/s）、带宽高、衰减小、传输距离远、抗干扰能力强、保密性好、信号延迟小、重量轻、体积小以及易施工等优点，但光缆（一根光缆包含了上百根光纤）的连接与分接技术要求较高，且光电接口较昂贵。

**4. 无线介质**

无线传输主要应用于难于铺设电缆（如海或湖中的岛屿、有峡谷的区域等）或需要频繁移动（如野外工作队）条件下的信号传输。目前最常用的无线传输方式有红外线、激光和微波。

（1）红外线和激光通信　红外线和激光都是利用光作为传输介质，只能传输数字信号，信号的传输需要在发送端和接收端安装相应的发送和接收装置。红外线广泛用于短距离通信，如电视遥控器等。红外传输属直线传输，方向性极强且不具穿透性，因此很难窃听与干扰。激光通信是将光集成一道光束，再射向目的地，通常使用在空旷或拥有制高点的地方，信号传输比较安全，但激光硬件会有少量的射线污染。红外线和激光都对天气很敏感。

（2）地面微波通信与卫星微波通信　微波通信是用无线电波作为传输介质，主要是直线传播，既可传输数字信号，又可传输模拟信号。

微波通信有地面微波接力通信和卫星通信两种主要方式。地面微波接力通信就是采用接力的办法，每隔一段距离就设置一个微波中继站，接收上一站传输来的信号，放大后转发给下一站；卫星通信是把卫星作为天上的一个微波中转站，让微波能够远距离传播。所以卫星通信是一种特殊的微波中继系统。一个地球同步卫星可覆盖地球上三分之一的范围，这样，只要用三个相差 120°的卫星即可覆盖全球，如图 2-17 所示。

　　卫星上装有多个转发器，用一个频段（5.925~6.425GHz）接收地面上发来的信号，卫星把接收到的信号放大后，再用另一个频段（3.7~4.2GHz）发送回地球，如图 2-18 所示。

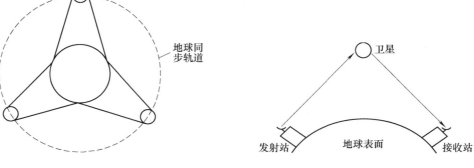

图 2-17　卫星通信方式　　　　　　　　　　图 2-18　卫星通信过程

　　卫星通信的优点是：具有无缝隙覆盖的能力，能在陆、海、空三维空间中实现移动通信；传输距离远，数据传输成本不随距离的增加而增加；安全可靠，当地面有线信道遭受破坏时，可以使用卫星通信来进行联系。缺点是成本高，传播时延长、受气候影响大，保密性差。

### 2.1.6　媒体访问控制

　　在网络中的计算机之间传输数据时，必须制定一整套的通信规则，传送数据的规则称为通信协议（Protocol），同时也称为网络上的媒体访问控制（Medium Access Control，MAC）协议。

　　MAC 协议对网络的响应时间、吞吐量和效率起着十分重要的影响。一个好的 MAC 协议要同时具备 3 个条件：①协议简单；②信道利用率高；③通信权分配合理。本部分将介绍 3 种常用的 MAC 方法：带冲突检测的载波监听多路访问（CSMA/CD）方法、令牌环（Token Ring）方法以及令牌总线（Token Bus）方法。

**1. 带冲突检测的载波监听多路访问（CSMA/CD）**

　　CSMA 是 XEROX（施乐）公司于 1972 年开发的，称为以太网（Ethernet）。1980 年颁布了 XEROX、Digital 和 Intel 公司联合制定的又一个 Ethernet 格式，采用了 CSMA 技术，并增加了冲突检测（CD）功能，称之为带冲突检测的载波监听多路访问（Carrier Sense Multiple Access With Collision Detection，CSMA/CD）。这种 MAC 方法主要用于总线和树状网络中。

　　（1）载波监听多路访问（CSMA）　　载波是指数据信号，网络中的某个节点在发送数据前要查看信道上有无信号在传输，即信道是否被占用，称为"载波监听"。同时有多个节点在监听信道是否空闲和发送数据，称为"多路访问"。

　　载波监听可以避免数据发送冲突，如果信道空闲，则可以发送。如果信道忙，则一般有两种方法处理：①一直处于监听状态，直到发现信道空闲就立即发送，这种方法称为"坚持型"载波监听多路访问；②等待一定间隔后重试，不断重复到发现信道空闲为止，这种方法称为"非坚持型"载波监听多路访问。

（2）带冲突检测的载波监听多路访问（CSMA/CD） 在 CSMA 算法中，没有检测冲突的功能，可能会出现网络中有两个以上的节点同时检测到信道处于空闲状态，或某个节点虽已发送数据但由于信号传送的延迟，使得其他节点检测信道的结果为空闲而发送数据。在上述情况下，均有可能造成信道上产生两个以上信号重叠干扰的冲突。在 CSMA 算法中，即使冲突已发生，仍然要将数据发送完，使总线的利用率降低。

CSMA/CD 可以提高总线利用率，这种协议已广泛应用于局域网中，其国际标准版本即 IEEE 802.3 就是以太网标准。每个站在发送帧期间，同时具有检测冲突的能力。一旦检测到冲突，就立即停止发送，并向总线上发一串阻塞信号，通知总线上各站冲突已发生。

所以，CSMA/CD 是网络中各节点在竞争基础上访问传输介质的随机方法，是一种分布式控制技术。传输网络中各节点之间采用竞争的方法抢占传输介质，取得发送数据的权利；任何时候，传输线路上只允许有一方发送数据；能够进行碰撞检测，但不会中断碰撞的发生，也没有更正错误的能力。CSMA/CD 可以概括为先听后发、边听边发、冲突停止、随机延时后重发。

**2. 令牌环**（Token Ring）

这种方法使用一个令牌（Token，又称标记）沿着环循环，当各站都没有帧发送时，令牌的形式为 01111111，称空令牌。当一个站要发送帧时，需等待空令牌通过，然后将它改为忙令牌，即 01111110，紧跟着把数据帧发送到环上。由于令牌是忙状态，所以其他站不能发送帧，必须等待。发送帧在环循环一周后再回到发送站，校验无误后，将该帧从环上移去。同时将忙令牌改为空令牌，传至后面的站，使之获得发送帧的许可权。

接收帧的过程是当帧通过站时，该站将帧的目的地址和本站的地址相比较，如地址相符合，则将帧放入接收缓冲器，再输入站，同时将帧送回至环上。如地址不符合，则简单地将数据帧重新送入环，如图 2-19 所示。

轻负载时，由于存在等待令牌的时间，因此效率较

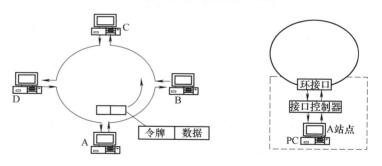

图 2-19 令牌环网及其站点的结构

低；重负载时，对各站公平，且效率高。考虑到数据和令牌形式有可能相同，用位插入方法，以区别数据和令牌。采用发送站从环上收回帧的策略具有广播特性，即可有多个站接收同一数据帧。同时这种策略还具有对发送站自动应答的功能。

**3. 令牌总线**（Token Bus）

这种方法是在物理总线上建立一个逻辑环，从物理上看，这是一种总线结构的局域网。和总线网一样，站点共享的传输介质为总线。但是，从逻辑看，这是一种环形结构的局域网，接在总线上的站组成一个逻辑环，每个站被赋于一个顺序的逻辑位置。和令牌环一样，站点只有取得令牌才能发送帧，令牌在逻辑环依次传递。图 2-20 为令牌总线工作原理。这是现场总线中很常见的 MAC 方法。

这种方法具有以下特点：

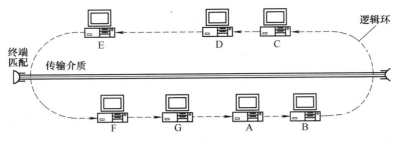

图 2-20 令牌总线的工作原理

1）只有收到令牌帧的站点才能将信息帧送到总线上，避免了冲突的发生，信息帧的长度可根据要传送的信息长度来确定，没有最短帧长度要求。

2）站点之间具有公平的访问权，各站点接收到令牌的过程在逻辑上是顺序依次进行的。

3）可以对每个站点发送帧的最大长度加以限制，使每个站点传输之前必须等待的时间总量"确定"。

4）提供了各种服务级别，即不同的优先级。

## 2.1.7 差错控制技术

数据在通信线路上传输时，由于传输线路上的噪声或其他干扰信号的影响往往使发送端发送的数据不能被接收端正确接收而出现失真，造成信号由"1"变成"0"或由"0"变成"1"，这就是传输产生了差错，简称差错。差错可以用误码率来衡量。

可以通过采用高质量的通信线路来提高通信质量，这种方法能降低由通信线路内部电子的碰撞所引起的内部噪声，但对来自周围环境影响产生的外部噪声却无能为力，并且需要付出较高的经济代价。提高通信质量的另一个主要方法是采用差错控制技术，容忍差错的存在，但能够发现差错，并设法加以纠正。

按照误码控制的不同功能，可分为检错码、纠错码和纠删码等。检错码仅具备识别错误功能而无纠正错码功能；纠错码具备识别和纠正错码功能；纠删码具备识别和纠正错码功能，而且当错码超过纠正范围时可把无法纠错的信息删除。

### 1. 奇偶校验码

奇偶校验码是最为简单的一种检错码。它的编码规则是：将要传输的信息分组，各组信息后面附加一位校验位，按照添加校验位后使得整个码字（包含校验位）中的"1"的个数为奇数或偶数分别称为奇校验或偶校验。例如字符 1001101，采用偶校验，则在末尾加一个附加位"0"，得校验码 10011010，使得字符中的 1 的个数为偶数，接收方通过判断接收数据中 1 的个数是否为偶数来确定传输是否出错。

按照校验方式的不同，奇偶校验码可分为垂直奇偶校验码、水平奇偶校验码和水平垂直奇偶校验码三种。

奇偶校验法非常简单，但并不十分可靠，因为这种方法不能检出某些互相补偿的偶数个错误，这是由于互相补偿的偶数个错误既破坏水平检验关系，也破坏垂直校验关系所致，所以奇偶校验一般只用于通信要求较低的环境。

**2. 循环冗余校验码**

在网络通信系统线路可靠性和稳定性较高的前提下，可采用对数据块逐块进行差错检测。目前最重要、最常用的逐块校验方法是循环冗余校验（Cyclic Redundancy Check，CRC）。CRC 码借助于循环码来实现校验。在使用压缩软件进行解压缩时常见到的 "CRC OK" 就是指 CRC 码校验无误。CRC 是检错能力相当强的一种方法，它对随机性和突发性错误都能以较低的冗余度进行严格检查。CRC 码有 CRC-12、CRC-16、CRC-CCITT 三个国际标准。

CRC 的基本思想是：根据要发送的一个 $K$ 位信息码 $M$，发送设备按一定的规则产生一个 $n$ 位作校验用的监督码（也称作 CRC 码），附加在信息码的后面，构成一个新的二进制码序列发送出去，如图 2-21 所示。CRC 还有纠错功能，但网络中一般不使用它的这一功能，仅用其强大的检错功能，检出错误后要求重发。接收端根据信息码和监督码之间所遵循的规则进行检测，来确定是否有错。

图 2-21　CRC 码的结构

产生 CRC 码的校验位的方法是用一个事先规定的二进制数（又称发生多项式）除以要发送的信息，所得的余数即是 CRC 码位，将它附加在信息码后面一起发送。在接收端仍用原发生多项式除以这个包含 CRC 码在内的数据，若没有余数，表示发送正确，否则表示出错。

CRC 码的特点是：可检测出所有奇数位的错，所有双位的错，所有小于、等于校验长度的突发错，因而 CRC 码在数据传输中得到广泛的应用。

# 2.2　计算机网络体系结构

计算机网络是指利用各种通信手段（例如电缆、微波或卫星通信）把地理上分散的计算机连接在一起，实现相互通信，共享软件、硬件和数据等资源的系统。随着社会的发展，计算机网络在现代信息社会中扮演着越来越重要的角色，只有了解其基本原理才能更好地掌握计算机网络应用知识。

## 2.2.1　基本概念

网络体系结构是指通信系统的整体设计，它为网络硬件、软件、协议、存取控制和拓扑提供标准。计算机网络体系结构的形成与计算机网络本身的发展有着密切的关系。目前常见的网络体系结构有光纤分布式数据接口（FDDI）、以太网、令牌环网和快速以太网等。下面主要介绍网络体系结构的一些基本概念，包括实体、协议、网络体系结构等。

**1. 实体**

实体是指系统中能够收发信息和处理信息的任何硬件（例如智能 I/O 芯片等）、软件（例如进程或子程序）设施。系统可以包含一个或者多个实体。

**2. 协议**

计算机网络中，两个实体间要进行通信，必须事先约定采用同一种通信语言，遵守相同的通信规则（如交换信息的代码、格式以及如何交换等）。这些规则的集合称为协议。也可以说，协议就是为实现网络中的数据交换而建立的规则标准或约定。网络协议含有语义、语法和时序三个要素。

语义：确定构成协议的协议元素的含义，不同类型的协议元素规定了通信双方所要表达的不同内容，而协议元素规定通信双方要发出何种控制信息、完成何种动作以及作出何种应答。

语法：规定数据与控制信息的结构和格式。

时序：也称规则，即时间的执行顺序。

**3. 网络体系结构**

网络体系结构是从体系结构的角度来设计网络体系。计算机网络体系结构精确定义了网络及其组成部分的功能和各部分之间的交互功能。按照结构化设计方法，计算机网络将其功能划分为若干层次，较高层次建立在较低层次的基础上，并为更高层次提供必要的服务功能。网络中的每一层都起到隔离作用，使得低层功能具体实现方法的变更不会影响到高一层所执行的功能。网络的这种结构化层次模型如图 2-22 所示。

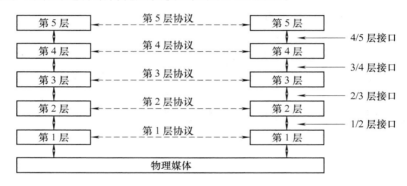

图 2-22　网络体系结构

## 2.2.2　OSI 参考模型

**1. OSI 参考模型的概念及组成**

为了实现不同厂家生产的计算机系统之间以及不同网络之间的数据通信，1978 年经国际标准化组织（ISO）提出，开放系统互联参考模型（Open System Interconnect Reference Model，OSI/RM）于 1983 年正式成为国际标准，也称 OSI 参考模型。

OSI 参考模型是一个计算机系统互联的规范，用以指导生产厂家和用户共同遵循的中立的规范。这个规范是开放的，任何人均可免费使用；这个规范是为开放系统设计的，使用这个规范的系统必须向其他使用这个规范的系统开放；这个规范仅供参考，可在一定范围内根据需要进行适当调整。

网络的种类很多，其工作任务的实质都是传送"0"和"1"的脉冲信号。不同网络的差异主要是通信标准的差异，不同的通信标准形成了不同的通信协议，因此网络的实质就是通信协议。OSI 参考模型其实就是一种通信协议模型。

OSI 参考模型将计算机网络的通信过程分为 7 个层次（见图 2-23），每一层次向上一层提供服务，向下一层请求服务，每一层的功能相对独立，在互相通信的两台计算机的同一层间具有互相操作的功能。

如图 2-23 所示，系统 A 通过中继节点与系统 B 进行联网通信，当应用程序"x"向应用程序"y"发送数据时，该数据的运行从物理过程看，通过物理介质（如电缆）到达中继节点的接收端，再由中继节点的发送端通过物理介质到达系统 B，由系统 B 的第 1 层到第 7 层后到达应用程序"y"。

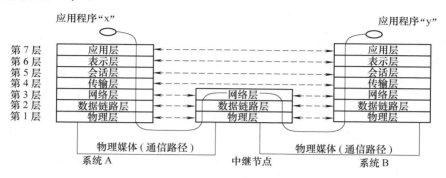

图 2-23　OSI 参考模型

采用分层的通信协议主要有结构简单、关系简化、每一层功能相对独立、构造灵活四个优点。注意分层要适当，层数太少，会使每一层的接口太复杂；层数太多，又会在描述和综合各层功能时遇到较多困难。设计分层主要遵循以下原则：

1）当有大量的通信任务具有相近的性质时，就应当设立一个相应的层次。

2）每一层的功能应当是非常明确的。

3）层与层之间的边界应当确定在通过边界的信息量尽量少的地方。

4）层数太多或太少都不好，应在两者间取得平衡。

**2. 分层模型的工作原理**

OSI 模型把开放系统的通信功能划分为 7 个层次，各层的简况见表 2-1。

表 2-1　OSI 模型分层简况

| 层　号 | 层　名 | 英 文 名 | 工作任务 | 接口要求 | 操作内容 |
|---|---|---|---|---|---|
| 第 1 层 | 物理层 | Physical Layer | 比特流传输 | 物理接口定义 | 数据收发 |
| 第 2 层 | 数据链路层 | Data Link Layer | 成帧、纠错 | 介质访问方案 | 访问控制 |
| 第 3 层 | 网络层 | Network Layer | 选线、寻址 | 路由器选择 | 选定路径 |
| 第 4 层 | 传输层 | Transport Layer | 收发 | 数据传输 | 端口确认 |
| 第 5 层 | 会话层 | Session Layer | 同步 | 对话结构 | 会话管理 |
| 第 6 层 | 表示层 | Presentation Layer | 编译 | 数据表达 | 数据构造 |
| 第 7 层 | 应用层 | Application Layer | 管理、协同 | 应用操作 | 信息交换 |

1）第 1 层：物理层，是 OSI 参考模型的最底层。它直接与物理信道相连，起到数据链路层和传输媒体之间的逻辑接口作用，提供建立、维护和释放物理连接的方法，实现在物理信道上进行比特流传输的功能。

在 OSI 参考模型中，低层直接为上层提供服务，当数据链路层发出请求，在两个数据链路实体间需要建立或撤消物理连接时，物理层应能立即为它们建立或拆除相应的物理连接。

2）第 2 层：数据链路层，功能是建立、维持和拆除链路连接，在相邻节点之间建立链路，并且对传输中可能出现的差错进行检错和纠错，以实现无差错地传输数据帧（Frame）。

数据链路层的有关协议和软件是计算机网络中基本的部分，在任何网络中数据链路层都是必不可少的层次。相对高层而言，它所有的服务协议都比较成熟。

3）第3层：网络层，功能是为数据分组进行路由选择，并负责子网的流量控制、拥塞控制和网络互联。数据在网络层被转换为数据分组后，通过路径选择、流量、差错、顺序、进/出路由等控制，从物理连接的一端传输到另一端。网络层的数据单元为分组。

计算机网络分为资源子网和通信子网。网络层就是通信子网的最高层。

网络层、数据链路层、物理层协议都是点-点协议。

4）第4层：传输层，数据单元是报文，主要功能是为两个端系统（源站和目标站）的会话层之间建立一条传输连接，以实现无差错地传送报文，向用户提供可靠的端-端服务。传输层提供建立、维护和拆除传输连接的功能，还负责根据通信的需要调整网络的吞吐量并进一步提高网络通信的可靠性，保证网络连接质量。并屏蔽了会话层，使会话层看不见传输层以下的数据通信，因而是OSI参考模型中最重要的一层。

5）第5层：会话层，作用是在两个应用程序之间建立会话功能，以正确的顺序收发数据，管理和控制各种形式的会话。在简单系统中，会话层可以直接面对用户服务，无论是用户请求会话或是应用程序请求会话，会话层首先根据提供的地址建立与目标计算机之间的会话，然后在会话过程中管理会话。

在会话层以上的各高层协议中，数据单元都是报文。

6）第6层：表示层，表示层的功能是以适当方式表示信息以保证经过网络传输后其意义不发生改变。表示层以下的5层只负责将数据从源计算机完整地传输到目的计算机，而表示层则要考虑如何描述数据结构使之与计算机的差异无关，便于用户使用网络。所以，表示层主要是用于处理在两个通信系统中交换信息的表示方式，主要包括数据格式转换、数据加密与解密、数据压缩与恢复等。

7）第7层：应用层，功能是为应用软件提供服务和接口，例如文件服务器、虚拟终端、远程用户登录和电子邮件等。

应用层是OSI参考模型的最高层，直接面向用户，除了系统管理应用进程具有独立性外，其他用户应用进程则需要有用户的参与，通过与用户的指令交互来完成。

为了便于加深对分层模型通信过程的理解，特举一个具体通信的例子（见图2-24）来说明。一般来说，大多数网络软件都按分层结构进行组织，但层次和每层的名称根据网络的不同而有所变化。通信的两台计算机的相同层的实体叫做同层进程，同层进程之间的通信所使用的约定称为接口，计算机通信时使用的各层接口和其他约定合在一起统称为协议。实际的通信在对话双方的每一层次上同步进行，每次通信时信息都源于最高层，在源计算机内自上而下进入物理层后沿着物理媒体到达目标计算机，在目标计算机内自下而上到达最高层，目标计算机的响应信息则沿着相同的路径返回。

在图2-24所示的例子中，首先在源计算机A的第7层产生一个报文M，在做了复制记录后第7层将M传给第6层，第6层做判别、登记、分类等必要的处理后将M传给第5层，第5层根据目标方向加入控制参数后将M传给第4层。现假定报文M必须分组发送，第4层就将M分割打包为$M_1$和$M_2$，并在每个分割包前加上头缀$H_4$，表明分割包序号等控制信息，以便目标计算机B能够正确地拼装报文M。因为在实际的分组交换过程中，在多节点多路径情况下，实际通信路径是动态选择的，目标计算机 B 接收信包的顺序不一定与信包的发送顺序完全相同，有时甚至会出现信包丢失的状况。第 4 层将报文分组并加上控制码后传给第 3 层，第 3 层先根据网络通信状况确定路径，再将控制信息写入头缀 $H_3$ 后把 $H_3H_4M_1$ 传输给第 2 层。由于网络通信状况在此期间可能发生变化，因此两个信包的物理路径不一定相同。由于第 2 层具有差错控制功能，因此不仅要在信包前加头缀 $H_2$，还要在信包后加上差错检验的尾缀 $T_2$，再分别把 $H_2H_3H_4M_1T_2$ 和 $H_2H_3H_4M_2T_2$ 传给第 1 层。第 1 层的任务就是按每个信包既定的路径完整地将其传送到目标计算机 B。目标计算机 B 收到信包后，由第 1 层向第 7 层逐层向上传输，并在与源计算机 A 相同的层次上剥去该层的头缀或尾缀，这样就保证了每一层均收到对方同层发送的信包，完成了报文 M 的传送过程。

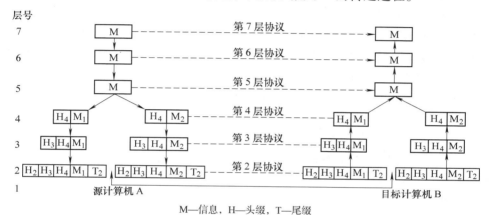

M—信息，H—头缀，T—尾缀

图 2-24　分层模型实际通信过程

需要说明的是，同层之间的水平通信并不是直接完成的，而是通过各层的接力传递实现的，因此又称为虚拟通信。

报文的接力传递是一个层层包装和层层解包装的过程，就像剥洋葱一样，因此这种通信方式又称为"洋葱皮"方式。

如果目标计算机 B 的某一层发现信包有误或需要通知源计算机 A 某种信息，则这种信息将沿着信包的来路原路返回。

本例仅选择典型状况来说明分层模型通信原理。实际通信中，如果报文 M 很小，则不需要分割信包；如果报文 M 很大，则需分割为众多信包，甚至从第 6 层或第 7 层起就开始分割信包。

### 2.2.3　TCP/IP 参考模型

#### 1. TCP/IP 的发展

TCP/IP（传输控制协议/网际协议）是 20 世纪 70 年代中期为美国国防部高级研究计划局的 ARPANET 设计的，目的是使各种各样的计算机都能在一个共同的网络环境中运行。实际上 TCP/IP 是一个协议集，目前已包含了 100 多个协议，常用协议接近 20 个，TCP 和 IP 是其中的两个协议，也是最基本、最重要的两个协议，因此通常用 TCP/IP 来代表整个 Internet 协议集。

TCP/IP 是先于 OSI 参考模型开发的，所以其层次结构与 OSI 参考模型有些区别。大致说来，TCP 对应 OSI 参考模型的传输层，IP 对应网络层，但今天说的 TCP/IP 已超出了这个概念，TCP/IP 已成为一个完整的协议族，成为一个网络体系结构。除了 TCP 和 IP 之外，该协议还包括多种其他协议，其中有工具性协议、管理性协议及应用协议等。

TCP/IP 现在非常受到重视，主要是因为：

第一，TCP/IP 最初是为美国 ARPANET 设计的，后来 ARPANET 已发展成为国际性的网际网时，TCP/IP 仍是网际通信协议。经过多年的开发与研究，已充分显示出 TCP/IP 簇有强大的联网能力及对多种应用环境的适应能力。在 ARPANET 基础上，已形成了基于 TCP/IP 连接的世界各国、各部门、各机构计算机网络（Internet）。

第二，ARPANET 网际网在美国，甚至欧洲，对科学界、教育界、商业界及政府部门、军事部门等的影响巨大。TCP/IP 已被各界公认为是异种计算机、异种网络彼此通信的重要协议，也是目前最为可行的协议。而 OSI 标准虽被公认为是网络发展方向，但目前尚难用于异种计算机和异种网络之间的通信。至于未来 TCP/IP 和 OSI 的前景，许多专家和学者正在研究这一问题，但肯定不会将现行的 TCP/IP 推倒重来，可能两者并存，也可能逐步过渡。

第三，各主要计算机公司和一些软硬件厂商的计算机网络产品，几乎都支持 TCP/IP。事实上 TCP/IP 现在已成为国际标准和工业标准。

现在的 TCP/IP 的主要特点有：

1）开放的协议标准。

2）独立于特定的计算机硬件与操作系统。

3）独立于特定的网络硬件。

4）可以运行在局域网、广域网中，更适用于 Internet 中。

5）统一的网络地址分配方案，适用整个 TCP/IP。

6）设备在网中都具有唯一的地址。

7）标准化的高层协议，可以提供多种可靠的用户服务。

**2. TCP/IP 的体系结构**

TCP/IP 也采用了分层结构，分为四个层次，自底向上依次为网络接口层、网络层、传输层和应用层。TCP/IP 的层次模型如图 2-25 所示。

TCP/IP 底层是一个网络接口层，其各层及相对应的有关协议与 OSI 参考模型的比较如图 2-26 所示。

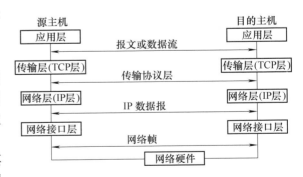

图 2-25 TCP/IP 层次模型

**3. TCP/IP 的各层功能简述**

（1）网络接口层 网络接口层负责对硬件进行沟通。在图 2-26 中，网络接口层是与 OSI 参考模型的数据链路层和物理层相对应。但实际上 TCP/IP 本身并没有这两层，而是借用了其他通信网上的数据链路层和物理层，TCP/IP 是通过它的网络接口层与这些通信网连接起来的。这些通信网包括多种局域网（如以太网），也包括多种广域网（如公共数据网）。

网络接口层负责接收 IP 数据报，并把这些数据报发送到指定网络上。

| OSI 模型 | TCP/IP 模型 | TCP/IP 集 | | | |
|---|---|---|---|---|---|
| 应用层 | 应用层 | 文件传输<br>FTP | 远程登录<br>Telnet | 电子邮件<br>SMTP | 其他：SNMP 和<br>DNS 等 |
| 表示层 | | | | | |
| 会话层 | | | | | |
| 传输层 | 传输层 | TCP | | UDP | |
| 网络层 | 网络层 | IP(ARP、RARP、ICMP 等 )、RIP 与 OSPF 等 | | | |
| 数据链路层 | 网络接口层 | Ethernet<br>IEEE 802.3 | FDDI | Token Ring<br>IEEE 802.5 | 其他 |
| 物理层 | | | | | |

图 2-26　TCP/IP 标准与 OSI 参考模型的比较

（2）网络层（IP 层）　　网络层是网络互联的基础，网络层的主要功能由 IP 来提供，主要解决计算机之间的通信问题和进行网络互联。

在发送端，网络层接受一个请求，将来自传输层的一个报文分组封装在一个 IP 数据报中，将源 IP 地址、目的 IP 地址等信息填入数据报报头；使用路由选择算法时，需要确定数据报应当在本地网络处理，还是通过网间连接器（如路由器）将数据报传递给相应的网络接口再发送到其他网络。在接收端，网络层还处理从网络上传来的数据报、校验数据报的有效性、删除报头等。IP 不保证服务的可靠性，也不检查如端到端的流控和差错控制以及数据报流排序等遗失或丢弃的报文，这些皆由高层协议负责。

IP 层主要有以下协议：

IP（网际协议）：使用 IP 地址确定收发端，提供端到端的"数据报"传递，也是 TCP/IP 簇中处于核心地位的一个协议。

ICMP（网络控制报文协议）：处理路由，协助 IP 层实现报文传送的控制机制，提供错误和信息报告。

ARP（正向地址解析协议）：将网络层地址转换为网络接口层地址。

RARP（反向地址解析协议）：将网络接口层地址转换为网络层地址。

将网络层地址（IP 地址）与网络接口层地址（物理地址）进行相互转换的功能称为地址解析，将网络层地址转换为网络接口层地址称为正向地址解析，将网络接口层地址转换为网络层地址则称为反向地址解析。

1）IP 地址：IP 数据报主要在网际中进行传输，而网际是一种虚拟结构，可以把它看成由各种网络组成的大型网络。在网际中每一台主机都分配一个唯一的 32 位 IP 地址，在与这台主机进行的所有通信中都用这个地址。

需要说明的是，在当今实际通信时或在技术资料中，网际地址都写成 4 位十进制数，用点分开，例如下面一个 32 位的网际地址：

10000001 00001010 00000011 00011110 便写成 129. 10. 3. 30。

在 IP 地址中，每个地址都由网络号和主机号两部分组成。有几个特殊意义的地址一般不使用，主要是：

全 0 的主机号码，表示该 IP 地址就是网络地址。

全 1 的主机号码，表示广播地址，即可对网络上所有主机进行广播。

全 0 的网络号码，它表示本网络。

2）子网：最初的 IP 地址设计并不很合理，且由于网上用户的大量增加和使用时的很大浪费，IP 地址已不够使用。为了使 IP 地址的使用更加灵活，从 1985 年起，在 IP 地址中又增加了一个子网号字段。

一个单位分配到的 IP 地址是 IP 地址的网络号码，而后面的主机号码则是受本单位控制，由本单位进行分配。本单位所有的主机都使用同一个网络号码。当一个单位的主机很多而且分布在很大的地理范围时，往往需要用一些网桥（而不是路由器，因为路由器连接的主机具有不同的网络号码）将这些主机互联起来。网桥的缺点较多，例如容易引起广播风暴，同时，当网络出现故障时也不太容易隔离和管理。为了使本单位的主机便于管理，可以将本单位所属主机划分为若干个子网，用 IP 地址中的主机号码字段中的前若干个比特作为"子网号字段"，后面剩下的仍为主机号码字段。这样做就可以在本单位的各子网之间使用路由器来互联，因而便于管理。需要注意的是，子网的划分纯属本单位内部的事，在本单位以外是看不见这样的划分的。从外部看，这个单位仍只有一个网络号码。只有当外面的分组进入到本单位范围后，本单位的路由器再根据子网号码进行选路，最后找到目的主机。若本单位按照主机所在的地理位置来划分子网，那么在管理方面就会方便得多。

这里应注意，TCP/IP 体系中的"子网"是本单位网络内的一个更小些的网络，和 OSI 体系中的子网不同。它们的英文名字不同，但中文译名都是一样的。

（3）传输层（TCP 层）　传输层的基本目的是为通信双方的主机提供端到端的服务，确保所有传输到某个系统的数据能正确无误地到达该系统。TCP/IP 在传输层提供传输控制协议（TCP）和用户数据报协议（UDP）两个主要协议。

1）传输控制协议（TCP）：这里的 TCP 虽为 IP 簇的一部分，但它却是一个独立的通用协议，可为其他传送系统所使用。因为 TCP 对基础网络只有很少的假设条件，因而它可以用于像以太网这样的单一网络中，也可用于较复杂的网络中。通常 TCP 和 IP 一起使用。

TCP 提供的是端到端的可靠的进程间通信。与 OSI 参考模型不同，它对网络层提供的服务可靠性没有要求，不论网络层提供的是可靠或不可靠的服务，TCP 提供的端到端的服务都是可靠的。

TCP 对其高层协议的数据结构无任何要求，它是一种面向字节流的协议，也就是在 TCP 用户之间交换一种连续的字节流。要传送的数据先放在缓冲器中，由 TCP 将其分成若干段发送出去。TCP 对分段长度没有多大限制，一般长度适中，一个段即一个传送协议数据单元。

TCP 向高层提供的是虚电路服务。

TCP 操作分为连接建立、数据传送和连接拆除三个阶段。

2）用户数据报协议（UDP）：UDP 是在传输层上与 TCP 并行的一个独立协议。它与 IP 的功能没有多少差别，只是增加了多端口机制。发送方使用这种机制可以区分一台主机上的多个接收者。每个 UDP 报文除了包含其用户进行发送的数据外，还有报文目的端口编号和源端口编号，从而 UDP 软件可以把报文传送给正确的接收者。UDP 的服务和 IP 一样，是不可靠的无连接数据报传送服务，适合一次传输少量信息的情况，如数据查询等。当通信子网相当可靠时，UDP 的优越性尤为可靠。UDP 具有高效率传输特点，比较适合于一些简单的交互应用场合。

（4）应用层    TCP/IP 的高层为应用层，它大致和 OSI 参考模型的会话层、表示层和应用层相对应，但没有明确的层次划分。应用层将应用程序的数据传送给传输层，以便进行信息交换。它主要为各种应用程序提供使用协议，其中包含了 Telnet 协议、FTP、TFTP、SMTP 和 DNS 协议等，现简介如下：

1）网际（Telnet）协议：Telnet 协议是一种简单远程仿真终端协议，它先允许本地用户建立一条到远程的某个服务器上的 TCP 连接。将一台个人计算机仿真成远程服务器的一个终端，然后便可以把各次击键从本地终端直接送到远程服务器上，同时接收服务器回送的字符并显示至荧光屏上，可以利用远程服务器的所有资源和功能。

2）文件传输协议（FTP）：FTP 允许获权的用户登录到远程系统中，标识自己，列出远程目录，向远程服务器或从远程服务器复制文件，以及远程执行少数简单命令（例如获得远程服务器文件的名称句法帮助）。此外，FTP 包含几种基本文件格式，并且可以在几种流行的表达方式之间进行转换（例如在 EBCDIC 字符集与 ASCII 字符集之间进行转换）。

3）普通文件传输协议（TFTP）：TFTP 提供了一种代价不大、功能不很强的服务，仅限于简单文件传输和不需要在客户与服务器之间进行复杂交互作用的场合。TFTP 规则很简单，比 FTP 规则少得多。但是与 FTP 不同，TFTP 使用了可靠的数据流服务，在 UDP 之上运行，并使用超时及重传办法确保数据到达。TFTP 主要用于无盘工作站等场合。

4）简单邮件传输协议（SMTP）：SMTP 比较简单，它主要集中在基本邮件投递系统如何通过一条链路把邮件从一台计算机传输到另一台计算机的问题上。这个协议不规定邮件系统如何从用户那里接收邮件，也不规定用户接口如何把到达的邮件呈现给用户，不规定邮件如何存储和发送等问题。即 SMTP 并不提供本地邮件系统的用户界面。要想编辑邮件、建立信箱或给本地用户发送邮件，就必须单独编制一个应用程序作为本地邮件界面。

5）域名服务（DNS）协议：尽管 32 位 IP 地址已为规定网际发送报文的收发地址提供了方便而简洁的表达方式，但用户还往往愿意给计算机起个名字。DNS 协议实现了名字到 IP 地址的转换，也可将 IP 地址转换成名字。

6）超文本传输协议（HTTP）：用来访问在 WWW 服务器上的各种页面。

7）网络文件系统（NFS）：用于实现网络中不同主机之间的文件共享。

8）路由信息协议（RIP）：用于网络设备之间交换路由信息。

## 2.2.4    OSI 与 TCP/IP 参考模型的比较

OSI 参考模型是作为标准制定出来的，而 TCP/IP 则产生于互联网的研究和实践。但两者都不完美，对两者的评论与批评都很多。下面对 OSI 与 TCP/IP 参考模型进行比较。

**1. OSI 与 TCP/IP 参考模型的相似之处**

1）OSI 与 TCP/IP 参考模型的共同之处是它们都采用了分层结构，并且在同层都确定协议簇的概念。

2）以传输层为分界，其上层都希望由传输层提供端到端、与网络环境无关的传输服务。

3）传输层以上的层都是传输服务的用户，这些用户以信息处理为主。

**2. OSI 与 TCP/IP 参考模型的区别**

1）在分层结构上有不同之处。OSI 参考模型的物理层和数据链路层进行了分别定义，而 TCP/IP 参考模型未做规定，说明 TCP/IP 参考模型可以使用 OSI 参考模型的物理层和数据链路层。OSI 参考模型的高层分为会话层、表示层和应用层，而 TCP/IP 参考模型是将各种应用协议统一称为应用层。所以，TCP/IP 参考模型的层次之间的调用关系没有 OSI 参考模型那样严格。在 TCP/IP 参考模型中，两个层实体的通信可以越过紧挨着的下层而使用更低层实体提供的服务，但在 OSI 参考模型中就必须通过紧挨的下一层实体，由此看来，TCP/IP 参考模型更能提高协议的效率，更有利于计算机网络的工业生产，因此被称为工业标准。

2）OSI 参考模型先有分层模型，后有协议规范，其分层模型具有较好的通用性；TCP/IP 参考模型是先有协议，后有模型，所以该模型只适用于 TCP/IP。

3）多数据传输的可靠性要求不一样。OSI 参考模型对网络正确传输信息的能力（即可靠性）较为强调，协议的所有层都有错误检测和处理功能，传输较为可靠，尤其是在较恶劣的条件下效果很明显，但费用较大且传输效率低；TCP/IP 参考模型的通信子网不具有错误检测和处理功能，数据可靠传输的任务交由传输层来解决，即采用端到端方式解决，使得整个体系的效率最高，但由于通信子网的可靠性差，将会增加主机的负担。

4）在网络互联方面也存在差异。TCP/IP 参考模型在设计之初就考虑到不同网络之间的互联，将 IP 作为 TCP/IP 的重要组成部分；OSI 参考模型最初只考虑使用标准的公用数据网络实现不同系统的互联，但没有考虑到网络互联的问题，于是采用在网络层中划分出一个子层来完成类似 IP 的功能。

由以上分析可知，TCP/IP 与 OSI 参考模型有相似点，也有很大的差异，并且各具优势。然而，大家都认为 TCP/IP 参考模型更实用，且生命力旺盛；但从长远的发展来看，OSI 参考模型的推广和普及也是趋势。

# 本 章 小 结

本章在整本书中属于基础理论，起到承前启后的作用。读者通过对本章的学习，将对计算机网络的基本知识（尤其是结构和通信知识）有一个全面的了解。

本章在内容上分为计算机网络数据通信基础和计算机网络体系结构两大部分。第一部分是计算机网络数据通信基础，包括数据通信的基本概念、数据编码技术、数据传输技术、数据交换技术、传输介质、媒体访问控制、差错控制技术等方面的内容；第二部分是计算机网络体系结构，包括网络体系结构的基本概念、OSI 参考模型、TCP/IP 参考模型、OSI 与 TCP/IP 参考模型的比较等内容。

## 思 考 与 练 习

1. 试述数据与信息的区别与联系，并对生活中的数据与信息进行举例。

2. 试比较并行传输和串行传输的优缺点。

3. 说明数据交换技术的类型并比较。

4. 网络的传输介质主要是哪些？试按传输速度排列顺序。

5. 简述 OSI 7 层模型的结构和每一层的作用。

6. TCP/IP 的体系结构是什么？

7. TCP/IP 的应用层协议主要有哪些？

8. 简述 OSI 与 TCP/IP 参考模型的异同。

# 第 3 章  工业控制网络的基本构成

工业控制网络技术是在工业生产的现代化环境下提出与发展起来的，是计算机技术、控制技术和网络技术综合发展的结果。计算机技术和网络技术从它们产生的那一刻起，就和工业控制领域有着千丝万缕的联系。作为工业企业的信息基础设施，工业控制网络是一种涉及局域网、广域网、分布式计算等多方面技术的网络，在工业自动化领域中还包含了现场检测和控制系统。作为一种综合应用的网络技术，工业控制网络的特点就是要适应各类工业企业的不同应用需求，并确定各具应用特色的技术实现方案。本章对工业控制网络的产生和发展进行了介绍，并分别对工业企业网络和工业控制网络进行了概括的介绍，为后续章节建立一个基础概念。

## 3.1  工业控制网络概述

### 3.1.1  工业控制网络的产生和发展

计算机一出现就开始了它在控制系统中的应用。20 世纪 60 年代，人们利用微处理器和一些外围电路构成了数字仪表以取代模拟仪表，这种控制方式被称为直接数字控制（Direct Digital Control，DDC）。这种控制方式提高了系统的控制精度和灵活性，而且在多回路的巡回采样及控制中具有传统模拟仪表无法比拟的性价比。20 世纪 80 年代中后期，随着工业系统的日益复杂，控制回路的进一步增多，单一的 DDC 系统已经不能满足现场的生产控制要求和管理要求。同时随着科学技术的发展，中小型计算机和微机的性价比有了很大提高。于是，由中小型计算机和微机共同作用的分层控制系统应运而生。在分层控制系统中，由微机作为前置机对工业设备进行过程控制，由中小型计算机对生产工作进行管理，从而实现了控制功能和管理信息的分离。但是当控制回路数目增加时，前置机及其与工业设备的通信要求就会急剧增加，从而导致这种控制系统的通信变得相当复杂，使系统的可靠性大大降低。

随着计算机网络技术的迅猛发展，同时也因为生产过程和控制系统的进一步复杂化，20 世纪 90 年代后期，人们将网络技术应用到了控制系统的前置机之间以及前置机和上位机的数据传输中。前置机仍然完成自己的控制功能，但它与上位机之间的数据（上位机的控制指令和控制结果信息）传输采用计算机网络实现。上位机在网络中的物理地位和逻辑地位与普通站点一样，只是完成的逻辑功能不同。此外，上位机增加了系统组态功能，即网络配置功能。这样的控制系统称为集散控制系统（Distributed Control System，DCS）。DCS 是计算机网络技术在控制系统中的成功应用，它提高了控制系统的可靠性和可维护性，在今天的工业控制领域仍然占据着重要地位。然而，应该看到的是，DCS 采用的是普通商业网络的通信协议和网络结构，在解决工业控制系统的自身可靠性方面没有做出实质性的改进，为加强抗干扰和可靠性采用了冗余结构，从而提高了控制系统的成本。另外，DCS 不具备开放性，且布线复杂、费用高等，也是制约 DCS 持续应用的原因。

20 世纪 80 年代后期，人们针对 DCS 存在的缺点，在 DCS 的基础上开始开发一种适用于工业环境的网络结构和网络协议，并实现传感器、控制器层的通信，这就是现场总线控制系统（Fieldbus Control System，FCS）。由于 FCS 从根本上解决了网络控制系统的自身可靠性问题，即把控制彻底下放到现场，故现场的智能仪表就能完成诸如数据采集、数据处理、控制运算和数据输出等功能，只有一些现场仪表无法完成的高级控制功能才交由上位机完成。而且现场节点之间可以相互通信实现互操作，现场节点也能把自己的诊断数据传送给上位机，便于设备的实时管理。从那时起，一些发达的工业国家和跨国公司就纷纷推出自己的现场总线标准和相关产品，现场总线技术逐渐成为网络化控制系统的发展趋势。

然而，随着人们对工业控制系统的要求越来越高，加之系统更加复杂，国际上许多著名的自动化公司开发出较为复杂的多层结构的工业控制网络，如美国罗克韦尔自动化公司所提出的三层网络结构，以满足实际生产要求。事物总是一分为二的，虽然多层网络可以使得各层网络根据各自的主要任务选择不同特性的网络规范，做到有的放矢，但是这样势必造成网络结构较为复杂，从而产生新的问题。所以，在这种情况下，工业控制网络又出现了开始向扁平化方向发展的趋势。特别是随着工业以太网技术的逐渐成熟，将来出现采用工业以太网的一网到底结构的控制网络也不会太令人感到震惊。

### 3.1.2　工业控制网络与工业企业网

工业企业网是指应用于工业领域的企业网，是工业企业的管理和信息基础设施，涉及局域网、广域网、控制网以及网络互联等技术，是计算机技术、信息技术和控制技术在企业管理与控制中的有机统一，体现了工业企业管理-控制一体化（或称为信息-控制一体化）的发展方向和组织模式。目前工业企业网没有统一的定义，一般是指工业企业范围内将实现信号检测、控制，数据传递、处理与计算的设备、装置或系统连接在一起，以实现企业内部的资源共享、信息管理、过程控制、经营决策，并能够访问企业以外的信息资源，使得各项事务协调运作，实行企业集成管理和控制的一种网络环境。工业企业网具有下列特性：

**1. 范围确定性**

工业企业网是在有关企业范围内为了实行企业的集成管理和控制而建成的一种网络环境。它具有特定的地域范围和服务范围，并能实行从现场实时控制到管理决策支持的功能。

**2. 集成性**

工业企业网通过对计算机技术、信息与通信技术和控制技术的集成，达到了现场信号监测、数据处理、实时控制到信息管理、经营决策等功能上的集成，从而构成了企业信息基础设施的基本框架。

**3. 安全性**

区别于 Internet 和其他广域网，工业企业网作为相对独立单位的某个企业的内部网络，在企业信息保密和防止外部入侵上要求有高度的安全性，确保企业既能通过网络获取外部信息和发布内部公开信息，又能相对独立和安全地处理内部事务而不受外部干涉。

**4. 相对开放性**

工业企业网是连接企业各部门的桥梁和纽带，并与 Internet 联通。这样工业企业网作为 Internet 的一个组成部分，它必然具有开放性，但这种开放性是在高度安全措施保障下的相对开放性。

工业控制网络作为工业企业网中一个不可或缺的组成部分，除了完成现场生产系统的监控以外，还可以实时地收集、处理生产现场的信息与数据，并向信息管理系统传送数据，具有协议简单、容错性强、安全可靠、成本低廉的特点。工业控制网络一般是指以控制事物对象为特征的计算机网络系统，对于控制系统实现网络化控制以及工业企业实行完全分布式网络化控制与管理具有重要作用。它一般处于工业企业网的中下层，是直接面向生产控制的计算机网络。

## 3.2 典型的工业企业网

纵观企业组织和管理模式的发展，它经历了从"分层递阶式"向"分布化"、"扁平化"的发展过程，而且将进一步向"网络化"和"动态重构化"的方向发展。"虚拟企业"、"敏捷制造"、"分散网络化"等概念便是这种组织与管理模式的体现，同时也是时代发展的要求与技术推动的结果，而这种组织模式最终是以工业企业网作为支撑的。

### 3.2.1 工业企业网的体系结构

根据计算机集成制造开放系统结构（CIM-OSA）模型和普度（PUDU）模型（美国普度大学提出），企业的控制管理层次大概可分为 5 层，如图 3-1 所示。其中，底层是企业信息流和物流的起点，以控制为主，能否实现柔性、高效、低成本的控制管理，直接关系到产品的质量、成本和市场前景。而传统的 DCS、PLC 控制系统由于其控制的相对集中，导致了可靠性的下降和成本的上升，且无法实现真正的互操作性。同时，由于其自身系统的相对封闭，与上层

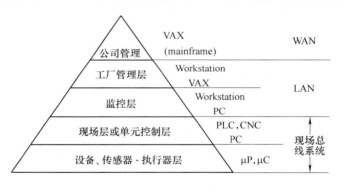

图 3-1 CIM-OSA 模型

管理信息系统的信息交换也存在一定的困难。因此，20 世纪 90 年代以来，作为一种趋势，FCS 正逐渐成为该控制领域的主流。

**1. 工业企业网的功能体系结构**

工业企业网技术是一种综合的集成技术，它涉及计算机技术、通信技术、多媒体技术、管理技术、控制技术和现场总线技术等。工业企业应用需求的提高和相关技术的发展，要求工业企业网能同时处理数据、声音、图像和视频等多媒体信息，满足企业从管理决策到现场控制自上而下的应用需求，实现对多媒体、多种功能的集成。

在功能上，工业企业网的结构可分为信息网络和控制网络上下两层，其体系结构如图 3-2 所示。

1）信息网络位于工业企业网的上层，是企业数据共享和传输的载体。它应该是能够实现多媒体传输的高速通信网，并与 Internet 互联，具有开放性、数据安全性、易于扩展和升级的特点。

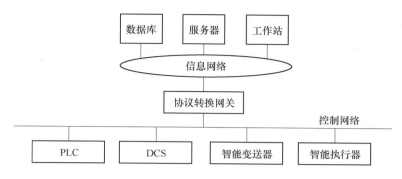

图 3-2 工业企业网体系结构

2）控制网络位于工业企业网的下层，与信息网络紧密地集成在一起，服从信息网络的操作，同时又具有独立性和完整性。它的实现既可沿用工业以太网技术，也可以采用自动化领域的新技术——现场总线技术，又可以同时采用两种技术。

**2. 信息网络与控制网络互联的意义及逻辑结构**

传统的企业模型具有分层递阶结构，然而随着信息网络技术的不断发展，企业为适应日益激烈的市场竞争的需要，相应地提出分布化、扁平化和智能化的要求，即一是要求企业减少中间层次，使得上层管理与底层控制的信息直接联系；二是扩大企业集团内不同企业之间的信息联系；三是根据市场变化动态调整决策、管理和制造的功能分配。将信息网络和控制网络互联的意义主要体现在以下几个方面：

1）将测控网络连入更大的网络系统中，如 Intranet、Extranet 和 Internet。

2）提高生产效率和控制质量，减少停机维护和维修的时间。

3）实现集中管理和高层监控。

4）实现异地诊断和维护。

5）利用更为及时的信息提高控制管理决策水平。

信息网络与控制网络互联的逻辑结构如图 3-3 所示。连接层为提供在控制网络和信息网络应用程序之间进行一致性连接起着关键的作用。它负责将控制网络的信息表达成应用程序可以理解的格式，并将用户应用程序向下传递的监控和配置信息变为控制设备可以理解的格式。在解决实际互

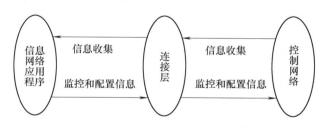

图 3-3 信息网络与控制网络互联的逻辑结构

联问题时，为了最大限度地利用现有的工具和标准，用户希望采用开放策略解决互联问题，各种标准化工作的展开和进展对控制网络的发展是极为有利的。

## 3.2.2 建立工业企业网的策略

工业控制网是网络技术在工业控制领域中的具体应用，它是工业企业网中的一个重要组成部分。目前对于这类网络体系结构还没有形成统一的模式，就大多数人的认识而言，工业企业网的结构体系一般采用三种形式。

1）将信息网络与控制网络统一组网，然后通过路由器与设备网（现场总线）进行互联互通，构成一体化的工业企业网，如图3-4所示。

2）各现场设备的控制功能由嵌入式系统实现，嵌入式系统通过网络接口接入控制网络。该控制网络与信息网络统一构建，构成一体化的工业企业网，如图3-5所示。

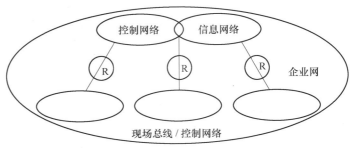

图3-4 通过互连构建一体化的工业企业网

3）将现场总线控制网络与Intranet集成，在该方案中，动态数据库处于核心位置，它一方面根据现场信息动态地修改自身数据，并通过动态浏览器的方式为监控站提供服务；另一方面接收监控站的控制信息，并对其进行处理，然后送往现场。此外，为了保证控制的实时性，控制信息也可不经由动态数据库而直接下发到现场，如图3-6所示。

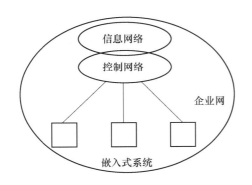

图3-5 通过控制网络构建
一体化的工业企业网

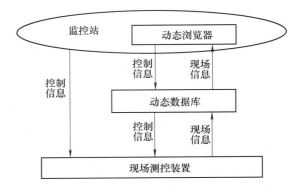

图3-6 现场总线控制网络与Intranet
信息网络的集成方案

由上述结构可以看出，工业控制网络实际上是工业企业网的重要组成部分。从其功能角度看，工业企业网的总体结构可以将其看成为上下层的结构形式，即位于上层的信息网与位于下层的控制网。

### 3.2.3 工业企业网的应用

工业企业网是一种技术，但更是一种应用，在网络技术上涉及其组成和实现方式，在应用上要考虑网络的本身和周围的环境。工业企业网的应用不仅可以改造传统产业，提高产品的附加值，而且对推动企业的发展、促进产业经济信息化也将起到关键性的作用。目前，工业企业网支持的应用有管理信息系统（MIS）、办公自动化（OA）、计算机集成制造系统（CIMS）、决策支持系统（DSS）、客户关系管理（CRM）和电子商务（EB）等。

**1. 管理信息系统（MIS）**

管理信息系统（Management Information System，MIS）是一个由人、计算机等组成的能进行信息收集、传输、存储、维护和使用的系统，能够检测企业的各种运行情况，并利用过去的历史数据预测未来。从企业全局的角度出发辅助企业进行决策，利用信息控制企业的行为，帮助企业实现其规划目标。MIS 是信息系统的重要分支之一，经过 30 多年的发展，已经成为一个具有自身概念、理论、结构、体系和开发方式并覆盖多学科的新学科。

从概念上，MIS 由信息源、信息处理器、信息用户和信息管理者四个部件构成。它们的联系如图 3-7 所示。信息源是信息的产生地；信息处理器负担信息的传输、加工、保存等任务；信息用户是信息的使用者，利用信息进行决策；信息管理者负责信息系统的设计、实现和维护。因此，MIS 一般被看作一个金字塔形的结构，分为从底层的业务处理到运行控制、管理控制，再到最高层的战略计划。最基层由任务巨大、处理繁杂的事务信息和状态信息构成，层次越往上，事务处理的范围越小，针对的也是比较特殊和非结构化的问题。

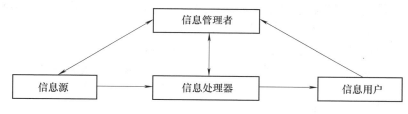

图 3-7　管理信息系统总体结构

MIS 辅助完成企业日常结构化的信息处理任务。MIS 的任务主要体现在以下几个方面：

1）对基础数据进行严格的管理，要求计量工具标准化，程序和方法的正确使用，使信息流通渠道顺畅。同时，必须保证信息的准确性、一致性。

2）确定信息处理过程的标准化，统一数据和报表的标准格式，以便建立一个集中统一的数据库。

3）高效率、低能耗地完成日常事务处理业务，优化分配各种资源，包括人力、物力和财力等。

4）充分利用已有的资源，包括现在和历史的数据信息等，运用各种管理模型，对数据进行加工处理，支持管理和决策工作，以便实现组织目标。

为了能实现管理信息系统的主要任务，MIS 必须具备以下 7 个方面的特点：

1）MIS 是一个人机结合的辅助管理系统，管理和决策的主体是人，计算机系统只是工具和辅助设备。

2）主要用于解决结构化问题。

3）主要考虑完成例行的信息处理业务，包括数据输入、存储、加工与输出，制定生产计划，进行生产和销售的统计等。

4）以高速度、低成本完成数据的处理业务，追求系统处理问题的效率。

5）目标是要实现一个相对稳定的、协调的工作环境。因为系统的工作方法、管理模式和处理过程是确定的，所以系统能够稳定协调地工作。

6）数据信息成为系统运作的驱动力。因为信息处理模型和处理过程的直接对象是数据信息，只有保证完整的数据资料的采集，系统才有运作的前提。

7）设计系统时，强调科学的、客观的处理方法的应用，并且系统设计要符合实际情况。

**2. 办公自动化（OA）**

办公自动化（Office Automation，OA），是 20 世纪 70 年代中期发达国家为解决办公业务量剧增对企业生产率产生巨大影响的背景下，发展起来的一门综合性技术。它的基本任务是利用先进的科学技术，使人们借助各种设备解决一部分办公业务问题，达到提高生产率、工作效率和质量，以及方便管理和决策的目的。OA 的知识领域覆盖了行为科学、管理科学、社会学、系统工程学等学科，在 OA 技术中体现了多学科的相互交叉、相互渗透性，所以 OA 的应用是企业管理现代化的标志之一。

所谓 OA，是指通过先进技术的应用，将人们的部分办公业务物化于人以外的各种设备，并由这些设备和办公人员共同完成办公业务的人机信息系统。OA 与 MIS、DSS 相比较，更多地强调技术的应用和自动化办公设备的使用，较少地应用管理模型。OA 还可以形象地理解为，办公人员运用现代科学技术，如通过局域网或远程网络，采用各种媒体形式管理和传输信息，改变传统办公的面貌，实现无纸化办公。

OA 的设计思想是以自动化设备为主要处理手段，依靠先进技术的支持，为用户创造一个良好的自动化的办公环境，以提高工作人员的办公效率和信息处理能力。因此，OA 具有如下特点：

1）面向非结构化的管理问题。

2）工作对象主要是事务处理类型的办公业务。

3）强调即席的工作方式。

4）设备驱动。

OA 的硬件系统包括计算机、计算机网络、通信线路和终端设备。其中计算机是 OA 的主要设备，因为人员的业务操作都依赖于计算机。计算机网络和通信线路是企业内部信息共享、交流、传递的媒介，它使得系统连接成了一个整体。终端设备专门负责信息采集和发送，承担了系统与外界联系的任务，如打字机、显示器、绘图仪等。OA 的软件包括系统支撑软件、OA 通用软件和 OA 专用软件。其中系统支撑软件是维护计算机运行和管理计算机资源的软件，如 Windows8、UNIX 等。OA 通用软件是指可以商品化、大众化的办公应用软件，如 Word、Excel 等。OA 专用软件是指面向特定单位、部门，有针对性地开发的办公应用软件，如事业机关的文件处理、会议安排，公司企业的财务报表、市场分析等软件。可见，OA 支撑技术涵盖了计算机技术、通信技术及自动化技术。

**3. 计算机集成制造系统（CIMS）**

1974 年美国约瑟夫哈林顿博士针对企业所面临的激烈市场竞争形势提出一种组织企业生产的新思想。这种新思想有两个基本观点：一是制造业中的各个部分，即从市场分析、经营决策、工程设计、制造过程、质量控制、生产之后到售后服务的各个生产环节之间是紧密联系、不可分割的，需要紧密连接、统一考虑；二是整个制造过程本质上可抽象成一个数据的采集、传递、加工和利用过程，最终形成的产品可以看作是数据的物质表现。这两个紧密联系的基本观点构成了计算机集成制造的概念，即 CIM 概念。

围绕这一概念，世界各国对 CIM 的定义进行了不断的研究和探索。综合诸种定义，根据中国国情，863/CIMS 主题专家组通过近十年的具体实践，将 CIM 及 CIMS 定义为：CIM 是一种组织、管理与运行企业生产的哲理，它借助计算机硬件及软件，综合运用现代管理技术、制造技术、信息技术、自动化技术、系统工程技术，将企业生产全过程（市场分析、经营管理、工程设计、加工制造、装配、物料管理、售前售后服务、产品报废处理）中有关的人/组织、技术、经营管理三要素与其信息流、物流有机地集成并优化运行，实行企业整体优化，以达到产品高质、低耗、上市快、服务好，从而赢得市场。在这里，强调了以改善产品的 T（time，指产品上市的时间）、Q（quality，产品的质量）、C（cost，产品的价格）、S（service，服务）赢得竞争为目标。在系统全过程中，人是三要素和两种流的集成优化、多种技术综合运用的核心。

　　CIMS 通常由管理信息子系统、工程设计自动化子系统、制造自动化子系统、质量保证子系统、计算机网络子系统和数据库子系统，共 6 个部分组成，即 CIMS 由 4 个子系统和两个支撑子系统组成。系统组成框图如图 3-8 所示。

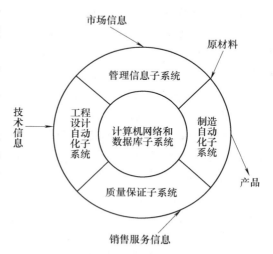

图 3-8　CIMS 构成图

　　1）管理信息子系统的功能包括预测、经营决策、生产计划、生产技术准备、销售、供应、财务、成本、设备、工具和人力资源等管理信息功能。通过信息集成，达到缩短产品生产周期、降低流动资金占用、提高企业应变能力的目的。

　　2）工程设计自动化子系统用于计算机辅助产品设计、工艺设计、制造准备及产品性能测试等工作，即 CAD/CAPP/CAM 系统。目的是使产品开发活动更高效、更优质地进行。

　　3）制造自动化子系统是 CIMS 中信息流和物流的结合点。对于离散型制造业，可以由数控机床、加工中心、清洗机、测量机、运输小车、立体仓库、多级分布式控制（管理）计算机等设备及相应的支持软件组成。对于连续型生产过程，可以由 DCS 控制下的制造装备组成，通过管理与控制，达到提高生产率、优化生产过程、降低成本和能耗的目的。

　　4）质量保证子系统的功能包括质量决策、质量检测与数据采集、质量评价、控制与跟踪质量、降低成本、以及达到提高企业竞争力的目的。

　　5）计算机网络子系统采用国际标准和工业规定的网络协议，实现异种机互联、异构局域网络及多种网络互联。它以分布为手段，满足各应用子系统对网络支持的不同需求，支持资源共享、分布处理、分布数据库、分层递阶和实时控制。

　　6）数据库子系统是逻辑上统一、物理上分布的全局数据管理系统，通过该系统可以实现企业数据共享和信息集成。

　　CIMS 是一个十分复杂的集成系统，它包括经营决策、生产计划、制造和控制等功能子系统。应该指出的是，CIMS 技术的核心在于集成，当前各种功能子系统在局部都有相应的计算机系统支持，但都是在独立环境下开发出来的"自动化孤岛"，必须通过信息共享，使它们协调工作，把各种功能有机地集成起来，实现企业的整体优化。而作为 CIMS 核心技术的数据库技术就是实现信息共享的重要途径。

**4. 决策支持系统**（DSS）

　　决策支持系统（Decision Supporting System，DSS）是以管理科学、运筹学、控制论和行为科学为基础，以计算机技术、仿真技术和信息技术为手段，针对半结构化的决策问题，支持决策活动的具有智能作用的人机系统。该系统能够为决策者提供决策所需的数据、信息和背景材料，帮助决策者明确决策目标和进行问题的识别，建立或修改决策模型，提供各种备选方案，并且对各种方案进行评价和优选，通过人机交互功能进行分析、比较和判断，为正确决策提供必要的支持。

DSS 的概念结构由会话系统、控制系统、运行及操作系统、数据库系统、模型库系统、规则库系统和用户共同构成。最简单和实用的三库 DSS 逻辑结构（数据库、模型库、规则库）如图 3-9 所示。

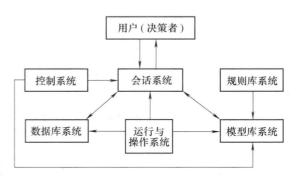

图 3-9　DSS 三库逻辑结构图

DSS 运行过程可以简单描述为：用户通过会话系统输入要解决的决策问题，会话系统把输入的问题信息传递给问题处理系统，然后问题处理系统开始收集数据信息，并根据知识机中已有的知识，来判断和识别问题。如果出现问题，系统让会话系统与用户进行交互对话，直到问题得以明确。然后系统开始搜寻问题解决的模型，通过计算推理得出方案可行性的分析结果，最终将决策信息提供给用户。由此可见，DSS 的技术构成应包括以下 8 个部分：

1）接口部分：即输入输出的界面，是人机进行交互的窗口。

2）模型管理部分：系统要根据用户提出的问题调出系统中已有的基本模型，模型管理部分应当具有存储、动态建模的功能。目前模型管理的实现是通过模型库系统来完成的。

3）知识管理部分：集中管理决策问题领域的知识（规则和事实），包括知识的获取、表达和管理等功能。

4）数据库部分：管理和存储与决策问题领域有关的数据。

5）推理部分：识别并解答用户提出的问题，分为确定性推理和不确定性推理两大类。

6）分析比较部分：对方案、模型和运行结果进行综合分析比较，得出用户最满意的方案。

7）问题处理部分：根据交互式会话识别用户提出的问题，构造出求解问题的模型和方案，并匹配算法、变量和数据等，运行求解系统。

8）控制部分：连接系统各个部分，并协调系统各部分的工作，规定和控制各部分的运行程序，维护和保护系统。此外，技术构成还包括咨询部分、模拟部分和优化部分等。

DSS 的主要特点如下：

1）系统的使用面向决策者，在运用 DSS 的过程中，参与者都是决策者。

2）系统解决的问题是针对半结构化的决策问题，模型和方法的使用是确定的，但是决策者对问题的理解存在差异，系统的使用有特定的环境，问题的条件也不是确定和唯一的，这使得决策结构具有不确定性。

3）系统强调的是支持的概念，帮助决策者提高作出科学决策的能力。

4）系统的驱动力来自模型和用户，人是系统运行的发起者，模型是系统完成各环节转换的核心。

5）系统运行强调交互式的处理方式，一个问题的决策要经过反复的、大量的、经常的人机对话，人的因素如偏好、主观判断、能力、经验和价值观等对系统的决策结果有重要的影响。

**5. 客户关系管理**（CRM）

客户关系管理（Customer Relationship Management，CRM）是一种旨在改善企业与客户之间关系的新型管理机制，它实施于企业的市场营销、销售、服务与技术支持等与客户相关的领域。CRM 的目标是一方面通过提供更快速和周到的优质服务吸引和保持更多的客户，另一方面通过对业务流程的全面管理来降低企业的成本。CRM 既是一种概念，也是一套管理软件和技术。利用 CRM 系统，企业能收集、跟踪和分析每一个客户的信息，从而满足各类客户的具体需要，真正做到一对一，同时还能观察和分析客户行为对企业收益的影响，使企业与客户的关系及企业利润得到最优化。

CRM 是一种以客户为中心的经营策略，它以信息技术为手段，对业务功能进行重新设计，并对工作流程进行重组，以达到留住老客户、吸引新客户的目的。CRM 的产生和发展源于 3 方面的动力：需求的拉动、信息技术的推动和管理理念的更新。在需求方面，业务流程重组和 ERP 建设实现了对制造、库存、财务、物流等环节的流程优化和自动化，但销售、营销和服务领域的问题一直没有得到相应的重视，结果企业不能对客户有全面的认识，也难以在统一信息的基础上面对客户。一方面，挽留老客户和获得新客户对企业已经变得越来越重要，随着数据仓库、商业智能、知识发现等技术的发展，使企业收集、整理、加工和利用客户信息的质量大大提高；另一方面，由于信息技术和 Internet 提供了新的手段，引发了企业组织架构、工作流程的重组以及整个社会管理思想的变革。因此，企业才有可能也有必要，将客户的各项信息和活动进行集成，组建以客户为中心的企业，实现对客户活动的全面管理，这就是所谓的"客户关系管理"。图 3-10 代表了目前人们对 CRM 的主流认识。从图中可以看出，CRM 的功能可以归纳为三个方面：对销售、营销和客户服务三部分业务流程的信息化；与客户进行沟通所需手段（如电话、传真、网络、Email 等）的集成和自动化处理；对上面两部分功能产生的信息进行的加工处理，产生客户智能，为企业的战略决策提供支持。

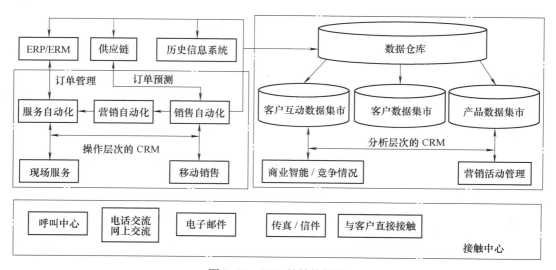

图 3-10　CRM 的结构框图

CRM 的主要内容包括三个方面，它们是影响商业流通的重要因素，并对 CRM 项目的成功起至关重要的作用。它们分别是：

1）营销自动化（MA）是基于资产的，除了所有阶段的营销管理外，许多核心营销功能（如客户统计、贸易展览管理等）都可以通过增加自动化程度来得到改进，它包括领导管理、营销策略的执行和营销辅助管理。MA 系统必须确保产生的客户数据和相关的支持资料，能够以各种有效的形式散发到各种销售渠道。反过来，销售渠道也必须及时返回同客户交互操作的数据，以便系统及时地对营销方式进行评估和改进。

2）销售过程自动化（SFA）是 CRM 中增长最快的一个领域，它的关键功能包括领导/账户管理、合同管理、定额管理、销售预测、赢利/损失分析以及销售管理等。SFA 是实施 CRM 时最困难的一个过程，不仅是因为它的动态性（不断变化的销售模型、地理位置、产品配置等），而且还因为销售部门的观念阻碍了销售力量的自动化（销售部门一般习惯于自己的一套运行方式，往往会抵制外部强制性的变化）。在销售自动化的过程中必须要特别注意目标客户的产生和跟踪、订单管理、订单完成、营销和客户服务功能的集成这四个方面。

3）客户服务主要集中在售后活动上，售后活动主要发生在面向企业总部办公室的呼叫中心，但是面向市场的服务（一般由驻外的客户服务人员完成）也是售后服务的一部分。产品技术支持一般是客户服务中最重要的功能，为客户提供支持的客户服务代表需要与驻外的服务人员（必须共享/复制客户交互操作数据）和销售力量进行操作集成。总部客户服务与驻外服务机构的集成以及客户交互操作数据的统一使用是现代 CRM 的一个重要特点。

**6. 电子商务**（EB）

EB 至今没有一个统一的定义，世人众说纷纭，但无论国际商会，还是 HP 和 IBM，都认为 EB 是利用现有的计算机硬件设备、软件和网络基础设施，通过一定的协议连接起来的电子网络环境进行各种各样商务活动的方式。因此，对于 EB 概念的科学理解应包括以下几个基本方面：

EB 是整个贸易活动的自动化和电子化。

EB 是利用各种电子工具和电子技术从事各种商务活动的过程。其中电子工具是指计算机和网络基础设施（包括 Internet、Intranet、各种局域网等）；电子技术是指处理、传递、交换和获得数据的多技术集合。

EB 渗透到贸易活动的各个阶段，因而内容广泛，包括信息交换、售前售后服务、销售、电子支付、运输、组建虚拟企业和共享资源等。

EB 的参与者包括消费者、销售商、供货商、企业雇员、银行或金融机构以及政府等各种机构或个人。

EB 的目的是要实现企业乃至全社会的高效率、低成本的贸易活动。

EB 始于网络计算。网络计算是电子商务的基础，从最初的电话、电报到电子邮件以及后来的 EDI（电子数据互换），都可以认为是电子商务的某种发展形式。

EB 的发展有其必然性和可能性。传统的商业是以手工处理信息为主，并且通过纸上的文字交换信息，但是随着处理和交换信息量的剧增，该过程变得越来越复杂。这不仅增加了重复劳动量和额外开支，而且也增加了出错的机会。在这种情况下需要一种更加便利和先进的方式来快速交流和处理商业往来业务。另一方面，计算机技术的发展及其广泛应用和先进通信技术的不断完善及使用导致了 EDI 和 Internet 的出现和发展，全球社会迈入了信息自动化处理的新时代，这又使得 EB 的发展成为可能。在必然性和可能性的推动下，电子商务得到了较快发展，特别是近两年来其速度令世人震惊。虽然如此，EB 的战略作用却是逐渐被全球各国认识的，而且其今后的发展道路也是漫长的。

EB 的交易过程大致可分为 3 个阶段：

1）交易前：这一阶段主要是指买卖双方和参与交易的各方在签约前的准备活动，包括从各种商务网络和互联网上寻找交易机会，通过交易信息来比较价格和条件、了解各方的贸易政策、选择交易对象等。

2）交易中：包括交易谈判、签订合同和办理交易进行前的手续等。

3）交易后：包括交易合同的履行、服务和索赔等活动。这一阶段是从买卖双方办完所有各种手续后开始，卖方要备货、组货、发货，买卖双方可以通过 EB 服务器跟踪发出的货物，银行和金融机构也按照合同，处理双方收付款、进行结算，出具相应的银行单据等，直到买方收到自己所购的商品，完成了整个交易过程。索赔是在买卖双方交易过程中出现违约时，需要进行违约处理的工作，受损方要向违约方索赔。

# 3.3 工业控制网络

工业企业网络一般包括处理企业管理与决策的信息网络和处理现场实时测控信息的工业控制网络两部分。工业控制网络作为工业企业网络的重要组成部分，对于企业的生产具有极为重要的作用，是现代化工业企业发展的必然趋势。

## 3.3.1 集散控制系统

为满足现代工业综合控制和管理的需求，工业自动化仪表及其系统不断变革。随着计算机可靠性的提高，价格的大幅度下降，出现了数字调节器、可编程控制器（PLC）以及由多个计算机递阶构成的集中、分散相结合的集散控制系统。

集散型控制系统是计算机（Computer）、通信（Communication）、CRT 显示和控制（Control）技术（简称 4C 技术）发展的产物。它采用危险分散、控制分散，而操作和管理集中的基本设计思想，多层分级、合作自治的结构形式，适应现代化的生产和管理要求。它是在为解决原有计算机集中 DDC 控制导致的危险集中，及常规模拟仪表控制功能单一的局限性，同时在为克服 DDC 控制双工系统高成本的探索中，于 20 世纪 70 年代中期研究出来的以多微机系统为基础的新型控制系统，主要代表就是美国 HONEYWELL 公司于 1975 年 11 月发表的 TDC 2000 系统。

DCS 通过通信网络将各组成单元联接在一起，因此 DCS 的发展与计算机通信网络技术的发展紧密联系。随着 4C 技术的进一步发展，集散型控制系统已在世界各个发达国家不断涌现，几乎每个主要的自动化仪表公司都开发了自己的 DCS 系统，形成了性能优良、功能齐全、使用方便、可靠性高、配置灵活的系列产品（见表 3-1）。

### 1. DCS 的结构发展

对于各种型号的 DCS，尽管各有特点，但由于其开发背景相同，采用相仿的先进技术，因而各个国家开发的 DCS 的功能和结构在同一一年代大致相仿。总的都是分散控制、集中管理、多层分级、通过数字通信相互有机联系的分布式多处理机结构。这种相互联系又采用

表3-1　集散控制系统系列产品

| 国　家 | 公　司 | 系统名称 |
| --- | --- | --- |
| 美国 | HONEYWELL | TPS |
| | FOXBORO | I/A's System |
| | 艾默生-西屋 | Ovation |
| | FISHER-ROSEMOUNT | PlantWeb、Delta V |
| | GE | PPS |
| 日本 | 山武-HONEYWELL | Harmonas-DEO |
| | 横河 | CS3000 |
| 欧洲 | 西门子 | SPPA-T3000、PCS7 |
| | ABB-贝利 | Symphony |
| 国产 | 和利时 | HOLLiAS-MACS |
| | 浙大中控 | WebField |

"松耦合"方式，系统部件灵活性大，自治性强、易变更、易扩展。

DCS 大致经历了 3 个发展阶段，相应地有三代的基本结构。

（1）第一阶段（1975～1980 年）　这一阶段的代表产品有美国 HONEYWELL 公司的 TDC 2000，BAILEY 公司的 NETWORK-90，FOXBORO 公司的 SPECTRUM，日本横河电机株式会社的 CENTUM 等。其基本结构如图 3-11 所示。

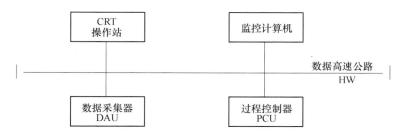

图 3-11　第一代 DCS 结构

其中，过程控制单元（Process Control Unit，PCU）又称现场控制单元（Field Control U-nit，FCU）或基本控制器（Basic Controller，BC），它由一个以微处理器（μP）为基础，能提供多功能控制的控制器文件夹，一个用于过程信号（PV）相联接的专用端子盘和作为人机接口的数据输入器（DEP）3 个部分组成。这种过程控制数据采集装置，将控制、通信和显示策略有机地结合成硬件、固件和软件包，可以组成不同的控制方案，控制一个或多个回路。可以实现较复杂的控制功能。其控制器文件夹由微处理器（CPU）、存储器（ROM、RAM）、多路转换器、I/O 板、A-D 与 D-A 转换、内总线、电源、通信接口等组成。

数据采集装置（Data Acquisition Unit，DAU）又称过程接口单元（Process Interface Unit，PIU），它是操作站以及上位计算机通过数据高速公路 HW 与过程之间的接口，是一个预编程序的，以 μP 为基础的智能端接装置。由于 PIU 本身带有 μP（例如 CP-1600），加强了对过程信息 I/O 的处理能力，因而相应地减轻了监控机的负担。PIU 对过程信号进行连续采集，并按指令将参数的变化值报告给优先设备，而且使用中央控制室的优先设备经 HW 并对过程实行远方控制。PIU 对回路没有控制能力，但工艺过程中大量的数据采集、处理工艺由它来完成。

CRT 操作站以 μP 为基础，是通信和 CRT 显示技术相结合的操作员接口，是系统与外界联系的媒介。它包括 CRT、微机、键盘、外部存储器、打印机和卡片阅读机等。它可以用高分辨率彩色画面显示过程的各类信息，并对 PIU 进行组态、操作和系统管理。

监控计算机是 DCS 的主计算机，也即所谓上位机。它综合监视全系统的各工作部件（BC，PIU，CRT 和 HW 等），管理全系统的所有信息，一般都能进行大型、复杂的运算，具有多输入多输出控制功能，用以实现系统的最优控制或优化管理。

数据高速公路（Highway，HW）是第一代 DCS 的通信系统，是一种初级的工业控制用局部网络。采用串行、半双工方式传输，优先存取和定时轮询方式控制。BC、PIU 的现场信息经过它送到 CRT 操作站和监控计算机进行集中处理。反之，将 CRT 操作站和监控计算机的操作、管理信息送至 PIU 和 BC。它一般由通信指挥器 HTD 和 75Ω 特性阻抗的同轴通信电缆组成，HTD 负责 HW 通信的指挥和协调工作，通信速率为 250kbit/s。通常，DCS 除了主通信的 HW 外，还设置有冗余的 HW，以提高信息传输的可靠性。

（2）第二阶段（1980～1985 年）　这一阶段进一步向高精度、高可靠性、小型轻量化、控制功能多样化、数据通信标准化和人机接口智能化方向发展，新开发的光纤通信、多功能控制站、增强型操作站，新的 16 位、32 位微机和局部网络技术进入 DCS，大大改变了 DCS 面貌，使控制和管理功能进一步完善。代表产品有 HONEYWELL 公司的 TDC 3000，WESTING HOUSE 公司的 WDPF 等，它们的基本结构如图 3-12 所示。

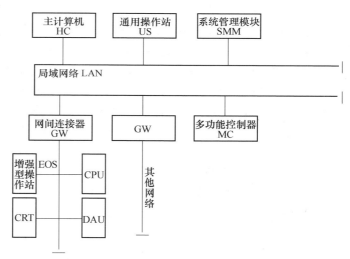

图 3-12　第二代 DCS 基本结构

这一代 DCS 是以局域网 LAN（也称局部控制网络 LCN）为主干，统领全系统。系统中各单元都看作网络节点上的工作站，这些节点又可通过网间连接器（即 Gate Way，GW，也称为网关或信关等）与同种网络或异型网络相联。这样，第一代系统即可通过 GW 挂接于局域网络，成为其子系统（例如 TDC 2000 就是 TDC 3000 的子系统）。这一代 DCS 主要由 7 部分组成：

1）局域网络：它由传输介质和网络节点组成。局域网络有高速局域网络（High Speed Local Network，HSL，传输速率大于 100Mbit/s），局域网络（Local Area Network，LAN）和计算机交换网（Computerized Brench Exchange，CBE）3 种类型。由于局域网扩展性强，数据传输的差错率低，所以 DCS 中一般都采用局域网。

2）多功能控制器 MC：它是这一代 DCS 中最主要的现场控制单元，是在第一代系统的 BC 基础上，采用更先进的 CPU 芯片（例如 M68020），更大存储容量的 ROM、RAM、

EPROM 等构成的。它不仅具有连续控制功能，而且还具备顺序的批量控制功能，以及对 I/O 更完善的监控功能和各种复杂运算。HONEYWELL 公司不久又开发出高级多功能控制器 A-MC 和过程管理控制器 PMC 来进一步增强系统的控制功能。

3）增强型操作站（Enhanced Operator Station，EOS）：它是子系统中的操作站（即挂接在数据公路 HW 上，而不是 LAN 上），在原来的 CRT 操作站基础上，加强集中监控操作、工艺流程图显示以及任意格式报表打印等功能，改善人机交互界面。

4）通用操作站（Universal Station，US）：它是全系统的操作站，直接挂在局部网络上的中央操作站，相当于一个网络节点工作站。一般由图像显示器、高性能微型机、图像生存模件、多种键盘（主要分为工程师键盘和操作员键盘）、彩色拷贝机、打印机和专用软件组成。它是全系统人机联系的窗口，可以显示网络中各节点子系统的每一数据点信息，操作管理各工作站和过程控制单元，也可以生成对全系统管理调度的图标、画面，生存历史画面和趋势画面。

5）网间连接器 GW：也称通道门，但它不是简单的门电路，而是局域网络与系统子网或其他工业网络的转接装置，是通信系统的转接口。也可以转接到制造工业上最常用的可编程控制器（PLC）的子系统网络。

6）系统管理模块（System Management Module，SMM）：第二代 DCS 为了加强全系统的综合管理，在局域网络上挂接了一系列用于增进管理的模块，例如历史单元模块、计算单元模块和系统优化模块等，以补充主计算机和通用操作站的功能。

7）主计算机（Host Computer，HC）：也称管理计算机，挂接在局域网络上的主计算机多为小型机，具备多种大容量的外部存储器，具有复杂运算能力和各种管理功能。

（3）第三阶段（1985 年以后）　DCS 向计算机网络控制扩展，将过程控制、监督控制和管理调度进一步结合起来，并且加强断续系统功能，采用专家系统、制造自动化协议（Manufacture Automation Protocol，MAP）标准，以及硬件上诸多新技术。这一代的典型产品中，有的是在原有的基础上扩展，如美国 HONEYWELL 公司扩展后的 TDC 3000，横河电机的 CENTUM-XL 和 XL，美国 WESTING HOUSE 公司的 WDPF 等，也有的是新发展的系统，如 FOXBORO 公司的 I/A SERIES 等。它们进一步的发展都是计算机集成制造（生产）系统（Computer Integrated Manufacturing，CIM），即将企业行政事务信息与工厂控制系统集成为一体的计算机系统。这一代产品的结构层次有了进一步发展，它自下而上一般可分为过程控制级、控制管理级、生产管理级和经营管理级这 4 个层次，如图 3-13 所示。

其中，过程控制级直接与生产过程连接，具体承担信号的变换、输入、运算和输出等分散控制任务，主要设备有过程控制单元，过程输入/输出单元，信号变换器和备用的盘装仪表。控制管理级对生产过程实现集中操作和统一管理，其主要设备就是 CRT 操作站（或管理计算机）和数据公路通信设备。显然，这两级在结构上类似于第一代 DCS 产品，但在具体软硬件技术上有了新改进，例如：处理单元采用 32 位机，除用图形语言编程外，还可用高级语言编程；软件采用多窗口技术；可进行顺序的批量控制；

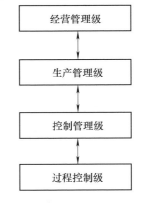

图 3-13　第三代 DCS 的 4 个层次

硬件的可靠性和安全性设计，移植了许多宇航技术成果，如新的密封高密度组件板，表面安装技术（SMT）等新技术；处理单元中引入智能化技术，每个单元都有自诊断程序，发生故障时能自动隔离，以实现在线更换。

生产管理级可承担全工厂或全公司的最优化，它相当于第二代产品中挂在局部控制网络LCN 上的通用站 US 和有关模块（如历史模块 HM，计算模块 CM，应用模块 AM）。而经营管理级则是该 LCN 通过计算机网间连接器 GW 联接的更上位计算机、计算机簇和其他通信网络上的设备，按市场需求、各种与经营有关的信息因素和生产管理级的信息，做出全面的综合性经营管理和决策。

此时，在通信网络上已广泛地采用光缆和新的网络技术，建立了从基带到宽带，符合MAP 协议的宽范围的完整网络，并能同符合 OSI 参考模型的不同网络产品相兼容或通信。

**2. DCS 的特点**

与一般的计算机控制系统相比，DCS 具有以下特点：

1）松耦合的多处理机系统，可实现硬件积木化。DCS 在结构上是一个松耦合的多处理机系统，与以共享内存为基础的紧耦合多处理机系统相比，它的通信量少，分散的子系统自治性强，各个微处理机都可以有自己的局部操作系统，所以系统配置十分灵活。如果要扩大或缩小系统规模，只需按需要在系统中增加新的单元，或拆去某个单元，系统完整性不会受多少影响。这种拼装方式，有利于工厂分批投资，逐步形成一个在功能和结构上由简单到复杂，从低级到高级的现代化的管理和控制系统。

2）软件模块化。DCS 被广泛应用于一系列的工业领域，尽管它们的生产工艺和产品各异，但从过程控制的要求来说，有相当大的共性，这就为 DCS 的软件设计提供了方便。DCS提供相当丰富的功能软件，用户只需按要求选用这些软件模块，即可大大减少开发工作量。功能软件主要包括控制软件包、操作显示软件包和报表打印软件包等。并提供至少一种过程控制语言，供用户开发高级的应用软件，例如优化管理和控制软件。

3）控制系统用组态方法生成。DCS 使用与一般计算机系统完全不同的方法生成控制系统，这就是所谓"组态"。DCS 为用户提供众多（几十种以上）的常用运算和控制模块，控制工程师只需按照系统的控制方案，从中选择必要的模块，采用填表方式、步骤记入方式或类似于画系统方块图那样的连接模块方式，进行控制系统组态——即系统生成。组态一般是在各种操作站上进行，有的也可以在基本控制器 BC 或其他高性能的控制器上进行。

4）通信网络的应用。通信网络是 DCS 的神经中枢，它将物理上分散配置的多台计算机有机地连接起来，实现相互协调、资源共享的集中管理。通过各级通信网络，如数据高速公路（或数据总线）、局部控制网络、通用控制网络 UCN（TDC 3000 上的一种网络）和经GW 连接的其他网络，将现场控制单元（或基本控制器）、局部操作站、控制管理计算机、中央操作站（如通用站 US）、生产管理计算机和经营管理计算机，以及提供市场信息和管理信息的各种终端联接起来，构成小、中、大型多种规模的控制系统，实现整体的最优控制和管理。

DCS 一般采用同轴电缆或光导纤维作为通信线，通信距离可按用户需要从 1km 向 15km延伸，同轴电缆通信速率为 $1 \sim 10Mbit/s$，光导纤维可高达 $32Mbit/s$。

5）可靠性高。DCS 的高可靠性体现在系统结构、采用冗余技术、自诊断功能和高性能的元器件上。

### 3.3.2　现场总线

现场总线技术是现场控制计算与现代电子、计算机、通信技术相结合的产物，作为当今自动化领域技术发展的热点之一，被誉为自动化领域的计算机局域网。它的应用与发展已引起工业控制领域一场深刻的变革。

**1. 现场总线的定义**

按照 IEC1158 标准，现场总线是一种互联现场自动化设备及其控制系统的双向串行数字通信协议。也就是说，现场总线是控制系统中底层的通信网络，具有双向数字传输功能，在控制系统中允许智能现场装置全数字化、多变量、双向、多节点，并通过一条物理媒体互相交换信息。现场总线的结构遵循国际标准化组织（ISO）的开放系统互联（OSI）模型，而不同的现场总线的结构又不尽相同。

现场总线技术始于 20 世纪 80 年代中期。随着微处理器与计算机功能的不断增强和价格的急剧降低，计算机与计算机网络系统得到迅速发展。而处于企业生产过程底层的测控自动化系统，由于仍在通过开关、阀门、传感测量仪表间的一对一连线，用电压、电流的模拟信号进行测量控制，或者只采用某种自封闭式的集散系统控制，难以实现设备之间以及系统与外界之间的信息交换，使自动化系统成为"信息孤岛"，严重制约了控制系统的发展。要实现整个企业的信息集成，要实施综合自动化，就必须设计出一种能在工业现场环境运行的、性能可靠、实时性强、造价低廉的通信系统，形成工厂底层网络，完成现场自动化设备之间的多点数字通信，实现底层现场设备之间以及生产现场与外界的信息交换。现场总线就是在这种实际需求的驱动下应运而生的。它作为过程自动化、制造自动化、楼宇、交通等领域现场智能设备之间的互联通信网络，沟通了生产过程现场控制设备之间及其更高控制管理层网络之间的联系，为彻底打破自动化系统的"信息孤岛"创造了条件。

现场总线技术将专用微处理器置入传统的测量控制仪表，使它们各自都具有了数字计算和数字通信能力，成为能独立承担某些控制、通信任务的网络节点。它们采用可进行简单连接的双绞线等作为总线，把多个测量控制仪表连接成网络系统，并按公开、规范的通信协议，在位于现场的多个微机化测量控制设备之间，以及现场仪表与远程监控计算机之间，实现数据传输与信息交换，形成各种适应实际需要的自动控制系统。简而言之，它把单个分散的测量控制设备变成网络节点，以现场总线为纽带，把它们连接成可以相互沟通信息、共同完成自控任务的网络系统与控制系统。它给自动化领域带来了变化，众多分散的计算机被网络连接在一起，使计算机的功能、作用发生变化。现场总线则使自控系统与设备具有了通信能力，把它们连接成网络系统，加入到信息网络的行列，成为企业信息网络的底层。因此把现场总线技术说成是一个控制技术新时代的开端并不过分。

现场总线控制系统既是一个开放通信网络，又是一种全分布控制系统。它作为智能设备的联系纽带，把挂接在总线上、作为网络节点的智能设备连接成为网络系统，并进一步构成自动化系统，实现基本控制、补偿计算、参数修改、报警、显示、监控、优化及控管一体化的综合自动化功能。这是一项以智能传感器、控制计算机、数字通信、网络为主要内容的综合技术，它使生产的现场级控制网络更方便有效地与办公信息网络通信。可见，现场总线从开始出现时就融入了实际上已通行的 TCP/IP 信息网络中，并与其有效地集成到一起，为企业提供了一个强有力的控制与通信基础设施。

由于现场总线适应了工业控制系统向分散化、网络化、智能化发展的方向，它一经产生便成为全球工业自动化技术的热点，受到全世界的普遍关注。现场总线的出现，导致目前生产的自动化仪表、集散控制系统（DCS）、可编程序控制器（PLC）在产品的体系结构、功能结构方面的较大变革，自动化设备的制造厂家被迫面临产品更新换代的又一次挑战。传统的模拟仪表将逐步让位于智能化数字仪表，并具备数字通信功能。出现了一批集检测、运算、控制功能于一体的变送控制器；出现了集检测温度、压力、流量于一身的多变量变送器；出现了带控制模块和具有故障信息的执行器，并由此大大改变了现有的设备维护管理方法。

**2. 现场总线控制系统的组成结构**

现场总线打破了传统控制系统的结构形式。传统模拟控制系统采用一对一的设备连线，按控制回路分布进行连接。位于现场的测量变送器与位于控制室的控制器之间，控制器与位于现场的执行器、开关、电动机之间均为一对一的物理连接。

现场总线系统由于采用了智能现场设备，能够把原先 DCS 系统中处于控制室的控制模块、各输入输出模块置入现场设备，加上现场设备具有通信能力，现场的测量变送仪表可以与阀门等执行机构直接传送信号，因而控制系统功能能够不依赖控制室的计算机或控制仪表，直接在现场完成，实现了彻底的分散控制。图 3-14 为现场总线控制系统与传统控制系统的结构对比。

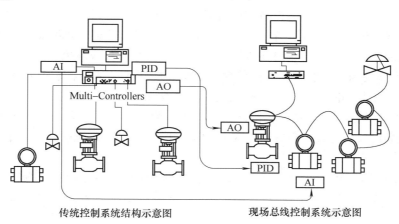

传统控制系统结构示意图　　现场总线控制系统示意图

图 3-14　现场总线控制系统与传统控制系统结构的比较

现场总线控制系统由控制系统、测量系统、管理系统三个部分组成，而通信部分的硬、软件是其最具特色的部分。

（1）控制系统　它的软件是系统的重要组成部分，控制系统的软件有组态软件、维护软件、仿真软件、设备软件和监控软件等。控制系统通过这些软件在网络运行过程中对系统实时采集数据，进行数据处理、计算，并实现优化控制及逻辑控制报警、监视、显示、报表等。

（2）测量系统　其特点为多变量高性能的测量，使测量仪表具有计算能力等更多功能。由于采用数字信号，具有高分辨率、准确性高、抗干扰、抗畸变能力强的特点，同时还能根据仪表设备的状态信息，对处理过程进行调整。

（3）管理系统 可以提供设备自身及过程的诊断信息、管理信息、设备运行状态信息（包括智能仪表）、厂商提供的设备制造信息。将被动的管理模式改变为可预测性的管理维护模式。

（4）总线系统计算机服务模式 客户机/服务器模式是目前较为流行的网络计算机服务模式。服务器表示数据源（提供者），应用客户机则表示数据使用者，它从数据源获取数据，并进一步进行处理。客户机运行在 PC 或工作站上。服务器运行在小型机或大型机上，它使用双方的智能、资源、数据来完成任务。

（5）数据库 它能有组织地、动态地存储大量有关数据与应用程序，实现数据的充分共享、交叉访问，具有高度独立性。工业设备在运行过程中参数连续变化，数据量大，操作与控制的实时性要求很高，因此需要一个可以互访操作的分布关系及实时性的数据库系统。

（6）网络系统的硬件与软件 网络系统的硬件有系统管理主机、服务器、网关、协议变换器、集线器、用户计算机等及底层智能化仪表。网络系统软件有网络操作软件，如：NerWare、LAN Manager、Vines；服务器操作软件，如：Linux、OS/2、Windows NT；应用软件数据库、通信协议、网络管理协议等。

**3. 现场总线系统的特点**

1）系统的开放性：开放是指对相关标准的一致性、公开性，强调对标准的共识与遵从。一个开放系统，是指它可以与世界上任何地方遵守相同标准的其他设备或系统连接。通信协议一致公开，各不同厂家的设备之间可实现信息交换。现场总线开发者就是要致力于建立统一的工厂底层网络的开放系统。用户可按自己的需要和考虑，把来自不同供应商的产品组成大小随意的系统。通过现场总线构筑自动化领域的开放互联系统。

2）互可操作性与互用性：互可操作性，是指实现互联设备间、系统间的信息传送与沟通；而互用则意味着不同生产厂家的性能类似的设备可实现相互替换。

3）现场设备的智能化与功能自治性：它将传感测量、补偿计算、工程量处理与控制等功能分散到现场设备中完成，仅靠现场设备即可完成自动控制的基本功能，并可随时诊断设备的运行状态。

4）系统结构的高度分散性：现场总线已构成一种新的全分散性控制系统的体系结构。从根本上改变了现有 DCS 集中与分散相结合的集散控制系统体系，简化了系统结构，提高了可靠性。

5）对现场环境的适应性：工作在生产现场前端，作为工厂网络底层的现场总线，是专为现场环境而设计的，可支持双绞线、同轴电缆、光缆、射频、红外线、电力线等，具有较强的抗干扰能力，能采用两线制实现供电与通信，并可满足本质安全防爆要求等。

**4. 现场总线控制系统对 DCS 的挑战**

现场总线控制系统的核心是现场总线，现场总线技术是计算机技术、通信技术和控制技术的综合与集成。它的出现将使传统的自动控制系统产生革命性变革，变革传统的信号标准、通信标准和系统标准，变革现有自动控制系统的体系结构、设计方法、安装调试方法和产品结构。

现场总线控制系统对 DCS 的挑战主要体现在以下几个方面。

1）现场总线控制系统的信号传输实现了全数字化，从最底层的传感器和执行器就采用现场总线网络，逐层向上直至最高层均为通信网络互联。

2）现场总线控制系统的结构则是全分散式，它废弃了 DCS 的输入/输出单元和控制站，由现场设备或现场仪表取而代之，即把 DCS 控制站的功能化整为零，分散地分配给现场仪表，从而构成虚拟控制站，实现彻底的分散控制。

3）现场控制系统的现场设备具有互操作性，不同厂商的现场设备既可互联也可互换，并可以统一组态，彻底改变传统 DCS 控制层的封闭性和专用性。

4）现场总线控制系统的通信网络为开放式互联网络，既可与同层网络互联，也可与不同层网络互联，用户可极为方便地共享网络数据库。

5）现场总线控制系统的技术和标准实现了全开放，无专利许可要求，可供任何人使用，从总线标准、产品检验到信息发布全是公开的，面向世界任何一个制造商和用户。

由于技术发展的连续性和继承性，现场总线控制系统的出现，不会使 DCS 控制系统完全消失。目前部分 DCS 开始采用现场总线技术对自身进行改造，产生一些 DCS 和现场总线控制网络的混合集成系统。实现 DCS 和现场总线集成主要有 3 种方式。

1）现场总线集成在 DCS 的 I/O 设备层上：DCS 的最底层测控层的 I/O 总线上挂有 DCS 控制器和各种 I/O 卡件，I/O 卡件用于连接现场 420Ma 设备信号、开关量和 PLC 信号，DCS 控制器负责现场控制。通过 DCS 的接口卡将现场总线挂接在 DCS 的 I/O 设备层上，可以完成两者信息的映射，实现了现场总线和 DCS 的 I/O 设备层的集成。这种方式的控制结构比较简单，但扩展规模受到接口卡的限制。图3-15示出了在 DCS 的 I/O 设备层上集成现场总线的示意图。

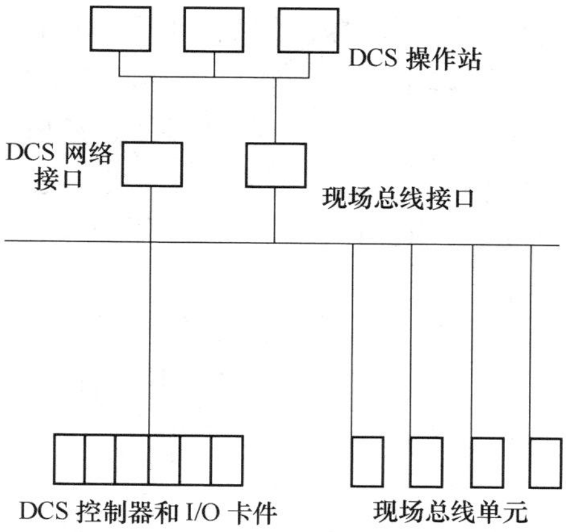

2）现场总线通过专用网关与 DCS 的集成：这种网络集成方案是通过网关实现通信协议的转换和信息的互访，便于利用集散控制系统的组态监控软件。其优点是系统扩展性较好，但结构较为复杂，当现场总线系统结构发生改变时，网关要进行相应的设置调整。如图 3-16 所示现场总线通过网关与 DCS 集成的结构原理图。

图 3-15　现场总线集成在 DCS 的 I/O 设备层上

3）现场总线通过 LAN 集成到 DCS 的网络层：此时原来由 DCS 主计算机完成的控制计算功能，可以直接放到现场单元进行，相关的参数或数据也可以在操作站的界面上显示修改。这种集成方案不需要对 DCS 控制站进行改造，对原有系统影响较小，但由于它实质上是借助计算机网络来实现集成，要进行多层转换，系统控制的实时性稍差。图 3-17 给出了现场总线集成到 DCS 网络层的原理结构图。

**5. 现场总线实现的分布式控制系统**

现场总线导致了传统控制系统结构性的变革，形成了新型的网络集成式全分布控制系统——现场总线控制系统 FCS（Fieldbus Control System）。这是继基地式气动仪表控制系统、电动单元组合式模拟仪表控制系统、集中式数字控制系统、集散控制系统 DCS 后的新一代控制系统。所谓全分布控制系统就是在现场总线的环境下，将微处理器置入现场自控设备，使设备具有数字计算和数字通信能力，在现场就可以进行许多复杂的计算，形成真正的分散在现场的完整控制系统，提高信号的测量、控制和传输精度，提高控制系统运行的可靠性。

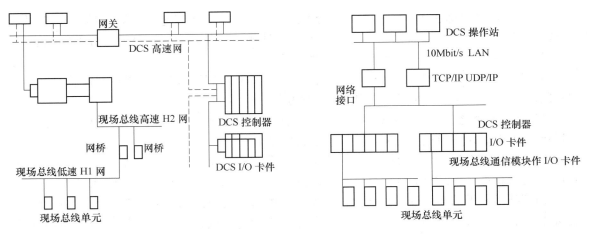

图 3-16　现场总线通过网关与 DCS 集成　　　　　图 3-17　现场总线集成到 DCS 的网络层

同时借助现场总线网段以及与之连接的其他网段，实现异地远程自动控制。另外还可以提供传统仪表所不能提供的如阀门开关动作次数、故障诊断等信息，便于操作管理人员更好、更深入地了解生产现场和自控设备的运行状态。

图 3-18 所示为企业网络信息集成系统的结构示意图。图中的现场控制层网段 H1、H2、LonWorks 等，称为底层控制网络。它们与工厂现场设备直接连接，一方面将现场测量控制设备互联为通信网络，实现不同网段、不同现场通信设备间的信息共享；同时又将现场运行

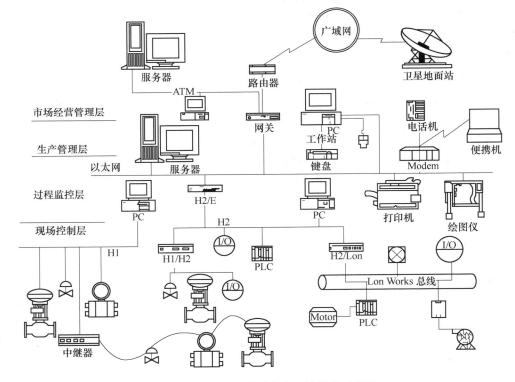

图 3-18　企业网络信息集成系统结构示意图

的各种信息传送到远离现场的控制室，并进一步实现与操作终端、上层控制管理网络的连接和信息共享。在把一个现场设备的运行参数、状态以及故障信息等送往控制室的同时，又将各种控制、维护、组态命令，乃至现场设备的工作电源等送往各相关的现场设备，沟通了生产过程现场级控制设备之间及其与更高控制管理层之间的联系。由于现场总线担任的是测量控制的特殊任务，因此要求信息传输的实时性强，可靠性高，且采用短帧传送，传输速率一般在几 kbit/s ~ 10Mbit/s。

自动化领域的这场变革的深度和广度将超过历史上任何一次变革，必将开创自动控制的新纪元。为了适应这场变革，世界上各仪表和 DCS 控制厂商竭尽全力竞争引导新潮流，投巨资开展现场总线和现场总线控制系统的研究和开发，目前较有影响的现场总线有：基金会现场总线 FF、LonWorks、Profibus、CAN、HART 等，我们将在后续内容中详细介绍。

### 3.3.3  工业以太网

总的来讲，目前国内外工业控制网络还没有形成统一的格局，协议多种多样，对于用户而言，各种设备很难实现互联互通，网络结构较为复杂，这些无疑都会对工业网络的应用及发展造成影响。而工业以太网就是针对这些问题而提出来的，所谓工业以太网，就是在以太网技术和 TCP/IP 技术的基础上开发出来的一种工业网络。以前，以太网一般是在商业应用中作为办公网络使用的，目前以太网在工业应用中的使用已经成为热点，将来工业以太网有可能成为工业控制网络结构的主要形式，形成一网到底的网络结构。

**1. 工业以太网的应用**

当前可供选择的现场总线有很多种，纳入 IEC 标准的就有 12 种（IEC1158 中就有 8 种，IEC62026 中也有 4 种）之多，为什么人们还要试图在工业应用中使用以太网呢？

首先，使用以太网要比其他现场总线容易，这体现在几个方面：一般情况下，用户或多或少会有一些以太网的知识和使用经验，这可以降低用户培训所需的时间和资金的投入；以太网技术的广泛使用使得人类积累了很多相关的知识，碰到问题比较容易解决；以太网产品种类丰富，有很多的相关软硬件产品，使得以太网技术容易使用；以太网有很多种，可支持多种传输介质、多种通信波特率，可以满足多种应用的需求。实际上，以太网已经在控制领域的系统集成中获得了广泛的应用，许多控制系统软件就是建立在以太网上的。

其次，由于以太网市场空间大，以太网产品通常可以把批量做得比较大，并且以太网市场产品供应商很多，竞争激烈，所以以太网产品的价格比较低廉，使用以太网会降低成本。但需要说明的是，工业以太网的成本优势目前还不明显，尤其是在对通信确定性和工作环境要求比较高的应用中，为了满足要求，有关产品需要特殊设计，从而显著提高了成本。所以，虽然商用以太网产品价格很低，工业以太网产品价格却仍然较高。当然，如果工业以太网能够广泛使用，产品批量上去之后，成本和价格也会降下来。

再次，以太网技术发展迅速，其技术先进、功能强大是其他现场总线所无法比拟的。如就波特率而言，目前主流的以太网已经达到亿位，10Gbit/s 以太网的标准也已经在 2002 年公布，而其他现场总线的波特率一般都在 10Mbit/s 以下。

另外，由于很多企业局域网用的是以太网，如果在工业应用中也使用以太网，可以避免现场总线技术游离于计算机网络技术之外，使现场总线技术和一般网络技术很好地融合在一起，使得信息集成更加方便。而通过把工业网络与企业内部网，甚至互联网相集成，可以使得电子商务、电子制造等的实现更加方便，真正实现网络控制系统的彻底开放。

再其次，在工业应用中使用以太网，符合自动化系统的网络结构扁平化的必然趋势。由于一个应用的各个部分对通信的要求是不一样的，可以把自动化系统分成若干层，根据各个部分对通信的要求来选择合适的网络。在早期通信成本非常高昂的情况下，这一点显得尤其重要。不过，分的层次越多，系统越复杂，维护越困难。所以，随着通信成本的下降，人们越来越倾向于采用更少的层次。现在罗克韦尔自动化、西门子等大公司主推的网络解决方案是 3 层的，从上到下分别为信息层、控制层和设备层。然而，在一般的应用中，通过使用工业以太网，完全可以实现信息层网络和控制层网络所需要的功能，所以实际上两层就够了。许多人相信，将来网络结构会进一步扁平化，最终可能会扁平化为一层，出现以太网"一网打尽"的局面。

**2. 工业以太网是以太网向现场层的延伸**

所谓工业以太网就是在以太网技术和 TCP/IP 技术的基础上开发出来的一种现场总线，作为现场总线的工业以太网与一般的商用以太网有很大不同，表 3-2 列出了工业以太网设备与商用以太网设备之间的区别。必须强调的是，工业以太网在技术上与商用以太网（即 IEEE802.3 标准）兼容，但在产品设计时，在材质的选用、产品的强度和适用性方面应能满足工业现场的需要，即满足以下要求。

（1）环境适应性　包括机械环境适应性（如耐振动、耐冲击）、气候环境适应性、电磁环境适应性或电磁兼容性等。

（2）可靠性　由于工业控制现场环境恶劣，对工业以太网产品的可靠性也提出了更高的要求。

（3）安全性　在易爆或可燃的场合，工业以太网产品还要求具有防爆性能，包括隔爆、本质安全两种方式。

（4）安装方便　适应工业环境的安装要求，如采用德国标准 DIN 导轨安装。

目前市场上大多数以太网设备所用的接插件、集线器、交换机和电缆等是为办公室应用而设计的，不符合工业现场恶劣环境的要求，在工厂环境中，商用以太网的抗干扰性能较差。若用于危险场合，它不具备本质安全性，也不具备通过信号线向现场仪表供电的性能。

**表 3-2　工业以太网设备与商用以太网设备之间的区别**

| 项　目 | 工业以太网设备 | 商用以太网设备 |
|---|---|---|
| 元器件 | 工业级 | 商用级 |
| 接插件 | 耐腐蚀、防尘、防水，<br>如加固型 RJ45、B-9、航空接头等 | 一般 RJ45 |
| 工作电压 | DC 24V | AC 220V |
| 电源冗余 | 双电源 | 一般没有 |
| 安装方式 | 采用 DIN 导轨或其他方式固定安装 | 桌面、机架等 |
| 工作温度 | $-40 \sim +85℃$ | $5 \sim 40℃$ |
| 电磁兼容标准 | EN50081-2<br>（工业级 EMC）<br>E50082-2<br>（工业级 EMC） | EN50081-2<br>（办公室用 EMC）<br>E50082-2<br>（办公室用 EMC） |
| MTBF | 至少 10 年 | $3 \sim 5$ 年 |

因此，以太网全面应用于工业控制网络中，还需要解决以下的关键技术问题。

1）以太网最初是为办公自动化应用开发的，是一种非确定性的网络，并且工作的环境条件往往很好。而工业应用中的部分数据传输对实时性有很高的要求，如果要求一个数据包在 2ms 内由源节点送到目的节点，就必须在 2ms 内送到，否则就可能发生事故；并且通常工业应用的环境比较恶劣，比如强振动、高温或低温、高湿度、强电磁干扰等。所以工业以太网应根据对工业现场控制系统实时通信要求和特点的分析，制定相应的系统设计、流量控制、优先级控制、数据报重发控制机制等策略，以满足工业自动化实时控制的要求。

2）以太网是媒体访问控制（Medium Access Control，MAC）协议使用带碰撞检测的载波监听多路访问（Carrier Sense/Multiple Access With Collision Detection，CSMA/CD）的网络的统称，其协议所定义的数据结构等特性并不提供标准的面向工业应用的应用层协议。所以，为了满足工业应用的要求，必须在以太网技术和 TCP/IP 技术的基础上做进一步的工作。

3）尽管各大工控开发和制造商都在开放、生产工业以太网设备，并且在产品设计时采用了相应的可靠性技术，但在工业以太网线缆、接插件等方面均没有统一的标准，这不利于不同厂商生产的设备之间的直接连接。

4）工业以太网由于采用了 TCP/IP，因此可能会受到包括病毒、黑客的非法入侵或非法操作等网络安全威胁，虽然目前采用了用户密码、数据加密、防火墙等多种安全机制加强网络的安全性管理，但针对工业自动化控制网络安全问题的解决方案仍需要认真研究解决。

**3. 工业以太网模型及拓扑结构**

工业以太网的协议有多种，目前较有影响的有基金会现场总线高速以太网（Foundation Fieldbus High-Speed Ethernet，FFHSE）、Ethernet/IP、PROFINET、MODBUS/FCP（光纤频道协议），分布式自动化 Ethernet 等，它们在本质上仍基于以太网技术（即 IEEE802.3 标准）。对应于 ISO/OSI 参考模型，工业以太网协议在物理层和数据链路层均采用 IEEE802.3 标准，在网络层和传输层则采用标准的 TCP/IP 簇，它们构成了工业以太网的低四层。在高层协议上工业以太网协议省略了会话层、表示层，只定义了应用层。图 3-19 所示是 Ethernet/IP 的网络模型与 ISO/OSI 参考模型对比图。

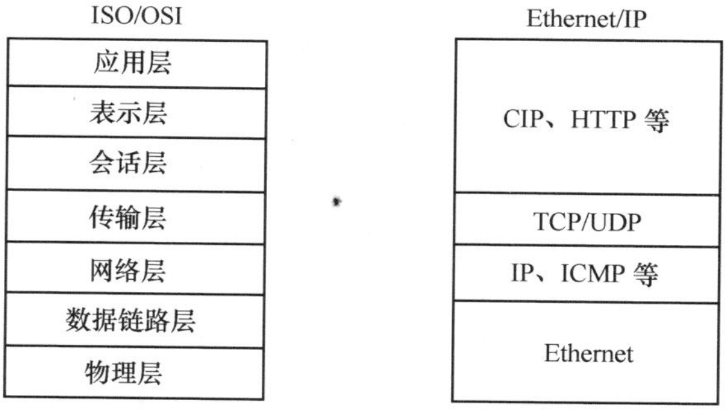

| ISO/OSI | Ethernet/IP |
|---|---|
| 应用层 | CIP、HTTP 等 |
| 表示层 | |
| 会话层 | |
| 传输层 | TCP/UDP |
| 网络层 | IP、ICMP 等 |
| 数据链路层 | Ethernet |
| 物理层 | |

图 3-19　Ethernet/IP 的网络模型与 ISO/OSI 参考模型的对比

工业以太网中通常将控制区域分为若干个控制子域，根据不同系统规模和具体情况，灵活地采用星形、环形、线形等拓扑结构形式，如图 3-20 所示。

**4. 工业以太网的网络构建**

图 3-21 所示为工业以太网较为典型的三层体系结构示意图，其设备层、控制层、信息层分别为 DeviceNet、ControlNet、Ethernet，不同层的现场总线之间通过网关、扫描器等通信设备连接。这种从底层到高层全部开放的、扁平的网络体系结构使控制器能够高度分散，网络、设备诊断和纠错能力极为强大，接线、安装、系统调试时间大大减少，可实现数据共享以及主从、多主、广播和对等的通信结构，是当前一种优异的工业以太网结构。

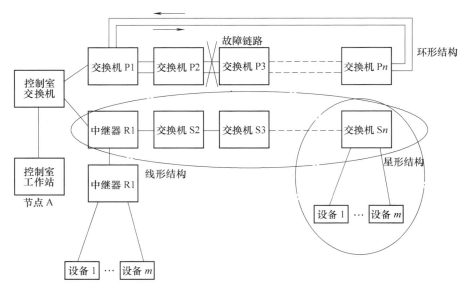

图 3-20　工业以太网的几种拓扑结构

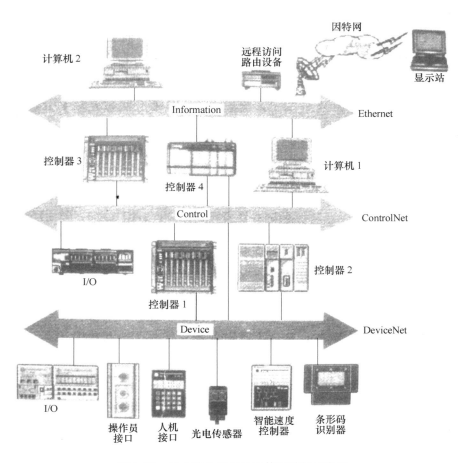

图 3-21　工业以太网的三层体系结构示意图

# 本 章 小 结

本章简要介绍了工业网络的产生和发展历程、功能体系结构、建立工业企业网的策略，以及其中管理信息系统 MIS、办公自动化系统 OA、计算机集成制造系统 CIMS、决策支持系统 DSS、客户关系管理 CRM、电子商务 EB 等具体应用技术。对工业控制网络中的集散控制系统 DCS、现场控制系统、工业以太网进行了较为详细的介绍。

集散控制系统 DCS 是计算机、通信、CRT 显示和控制技术发展的产物，它经历了三个发展阶段，与计算机控制系统相比，具有松耦合、软件模块化、控制系统用组态方法生成、通信网应用、可靠性等方面的不同特点。

现场总线控制系统是当今自动化领域技术发展的热点之一，既是一个开放通信网络，又是一种全分布控制系统。它由测量系统、控制系统和管理系统三部分组成，与 DCS 相比具有全数字化、全分散式、全开放的控制优势，在自动控制中现场总线可通过 I/O 设备层、专用网关和 LAN 实现与 DCS 的集成。

工业以太网是在以太网技术和 TCP/IP 技术基础上开发出来的一种工业网络，是以太网向工业现场层的延伸。工业以太网比商用以太网在环境适应性、可靠性、安全性、安装方便等方面更能满足工业环境的需要；与现场总线相比，又具有使用容易、市场空间大、技术发展迅速、开放更彻底的特点。

## 思 考 与 练 习

1. 从网络结构形式简述工业企业网的发展过程。
2. 简述工业企业网的功能体系结构。
3. 简述工业控制网络与工业企业网之间的关系。
4. 工业企业网的典型应用有哪些？简述它们的主要应用领域。
5. 简述 DCS 控制系统的特点。
6. 现场总线控制系统是在怎样的背景下发展起来的？简述其特点。
7. 简述工业以太网的特点。

# 第4章　现场总线及其应用

随着控制技术、计算机技术和通信技术的飞速发展，数字化作为一种趋势正在从工业生产过程的决策层、管理层、监控层一直渗透到现场设备。从宏观来看，现场总线的出现是数字化网络延伸到现场的结果，是网络延伸的极限。在网络革命中，现场总线将使数字技术占领工业控制系统中模拟量信号的最后一块阵地，一种真正全分散、全数字、全开放的新型控制系统——现场总线控制系统正在向我们走来。

现场总线控制系统的出现代表了工业自动化领域中一个新纪元的开始，将导致自动化系统结构与设备的一场变革，促成工业自动化产品的又一次更新换代，必将对工业自动化领域的发展产生极其深远的影响。

## 4.1　现场总线概述

现场总线（Fieldbus）是连接智能现场设备和自动化系统的全数字、全开放、全双工、多节点的串行通信工业控制网络。

### 4.1.1　现场总线的发展历程

虽然国际电工委员会 IEC 在 2000 年 1 月 4 日公布了现场总线国际标准 IEC61158，标志着现场总线的正式诞生，但是早在 40 多年前，现场总线雏形就已出现了。

20 世纪 60 年代，人们利用微处理器和一些外围电路构成了数字式仪表取代模拟仪表，提高了系统的控制精度和灵活性，在多回路的巡回采样和控制中表现了传统模拟仪表无法比拟的优越性。

20 世纪 80 年代，随着工业控制系统的日益复杂，用单片机作为前置机的分层控制系统开始出现。由单片机对现场设备进行过程控制，由中小型计算机对生产工作进行集中管理，实现了控制功能和管理功能的分离。

20 世纪 90 年代以后，随着工业控制系统的进一步扩大和芯片性价比的进一步提高，前置机被压缩进了现场设备之中形成了智能仪表，而中控计算机由于分布计算省去很多控制工作而有能力管理更多的节点。

由于智能仪表具有自治能力和数字通信功能，因此串行通信的现场总线便浮出水面，展示了强大的生命力和发展潜能，解决了传统控制系统存在的许多根本性难题，奠定了未来计算机控制系统的发展方向。

### 4.1.2　现场总线的特点

现场总线的特点主要体现在两个方面，一是在体系结构上成功实现了串行连接，一举克服了并行连接的许多不足；二是在技术层面上成功解决了开放竞争和设备兼容两大难题，实现了现场设备智能化和控制系统分散化两大目标。

**1. 现场总线的技术特点**

（1）开放性　现场总线的开放性有几层含义，一是指相关标准的一致性和公开性，开放的标准有利于不同厂家设备之间的互联与替换；二是系统集成的透明性和开放性，用户进行系统设计、集成和重构的能力大大提高；三是产品竞争的公正性和公开性，用户可按自己的需要和评价，选用不同供应商的产品组成大小随意的系统。

（2）交互性　现场总线设备的交互性，一是指上层网络与现场设备之间具有相互沟通的能力；二是指现场设备之间具有相互沟通的能力，也就是具有互操作性；三是指不同厂家的同类设备可以相互替换，也就是具有互换性。

（3）自治性　由于智能仪表将传感测量、补偿计算、工程量处理与控制等功能下载到现场设备中完成，因此一台单独的现场设备即具有自动控制的基本功能，可以随时诊断自己的运行状况，实现功能的自治。

（4）适应性　安装在工业生产第一线的现场总线是专为恶劣环境而设计的，对现场环境具有很强的适应性，具有防电、防磁、防潮和较强的抗干扰能力，可满足本质安全防爆要求，可支持多种通信媒体，如双绞线、同轴电缆、光缆、射频、红外线和电力线等。

**2. 现场总线的体系结构特点**

现场总线体系具有基础性、灵活性、分散性和经济性等特点，具体详情见第 3 章。

# 4.2　PROFIBUS 介绍

PROFIBUS 是一种国际化、开放式、不依赖于设备生产商的现场总线标准，广泛适用于制造业自动化、流程工业自动化和楼宇、交通电力等其他领域自动化。它由 3 个可相互兼容部分组成，即 PROFIBUS-DP、PROFIBUS-PA 和 PROFIBUS-FMS。PROFIBUS-DP 是一种高速低成本通信模块，用于设备级控制系统与分散式 I/O 的通信。使用 PROFIBUS-DP 可取代 DC 24V 或 4 ~ 20mA 信号传输。PROFIBUS-PA 专为过程自动化设计，可使传感器和执行机构连在一根总线上，并有本质安全规范。PROFIBUS-FMS 用于车间级监控网络，是一个令牌结构的实时多主网络，见表4-1。

表 4-1　PROFIBUS 性能对比

| 名　称 | PROFIBUS-FMS | PROFIBUS-DP | PROFIBUS-PA |
|---|---|---|---|
| 用　途 | 通用目的自动化 | 工厂自动化 | 过程自动化 |
| 目　的 | 通用 | 快速 | 面向应用 |
| 特　点 | 大范围联网通信多主通信 | 即插即用，高效、廉价 | 总线供电本质安全 |
| 传输介质 | RS 485 或光纤 | RS 485 或光纤 | IEC 1158-2 |

PROFIBUS 是一种用于工厂自动化车间级监控和现场设备层数据通信与控制的现场总线技术，可实现现场设备层到车间级监控的分散式数字控制和现场通信网络，从而为实现工厂综合自动化和现场设备智能化提供了可行的解决方案。与其他现场总线系统相比，PROFIBUS 的最大优点在于具有稳定的国际标准 EN 50170 做保证，并经实际应用验证具有普遍性。目前已应用的领域包括加工制造、过程控制和自动化等。PROFIBUS 开放性和不依赖于厂商的通信的设想，已在 10 多万个成功应用中得以实现。市场调查确认，在欧洲市场中，PRO-

FIBUS 占开放性工业现场总线系统的市场份额超过 40%。PROFIBUS 有国际著名自动化技术装备的生产厂商支持,它们都具有各自的技术优势,并能提供广泛的优质新产品和技术服务。

## 4.2.1 PROFIBUS 在工厂自动化系统中的位置

一个典型的工厂自动化系统应该是三级网络结构,如图 4-1 所示。

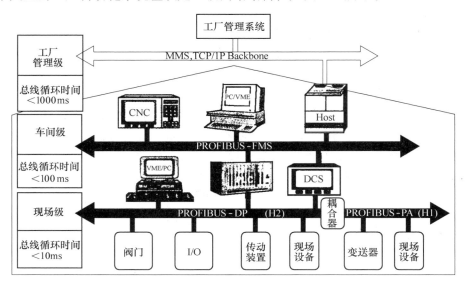

图 4-1 一个典型的工厂自动化系统

基于现场总线 PROFIBUS- DP/PA 的控制系统位于工厂自动化系统中的底层,即现场级与车间级。现场总线 PROFIBUS 是面向现场级与车间级的数字化通信网络。

### 1. 现场设备层

主要功能是连接现场设备,如分散式 I/O、传感器、驱动器、执行机构、开关设备等,完成现场设备控制及设备间联锁控制。主站(PLC、PC 或其他控制器)负责总线通信管理及所有从站的通信。总线上所有设备生产工艺控制程序存储在主站中,并由主站执行。

### 2. 车间监控层

车间级监控用来完成车间主生产设备之间的连接,如一个车间 3 条生产线主控制器之间的连接,完成车间级设备监控。车间级监控包括生产设备状态在线监控、设备故障报警及维护等。通常还具有诸如生产统计、生产调度等车间级生产管理功能。车间级监控通常要设立车间监控室,有操作员工作站及打印设备。车间级监控网络可采用 PROFIBUS-FMS,它是一个多主网,这一级数据传输速度不是最重要的,而是要能够传送大容量信息。

### 3. 工厂管理层

车间操作员工作站可通过集线器与车间办公管理网连接,将车间生产数据送到车间管理层。车间管理网作为工厂主网的一个子网。子网通过交换机、网桥或路由器等连接到厂区骨干网,将车间数据集成到工厂管理层。车间管理层通常采用以太网,即 IEC802.3、TCP/IP

的通信协议标准。厂区骨干网可根据工厂实际情况，采用 FDDI 或 ATM 等网络。

### 4.2.2　PROFIBUS 控制系统的组成

PROFIBUS 控制系统的组成包括以下几个部分：

**1. 1 类主站**

1 类主站指 PLC、PC 或可做 1 类主站的控制器。1 类主站完成总线通信控制与管理。

**2. 2 类主站**

2 类主站在网络中完成对网络状态的监视，例如运行 WinCC 的 PC 可以作为网络中的 2 类主站。

**3. 从站**

（1）PLC（智能型 I/O）　PLC 可做 PROFIBUS 上的一个从站。PLC 自身有程序存储，PLC 的 CPU 部分执行程序并按程序驱动 I/O。作为 PROFIBUS 主站的一个从站，在 PLC 存储器中有一段特定区域作为与主站通信的共享数据区。主站可通过通信间接控制从站 PLC 的 I/O。

（2）分散式 I/O（非智能型 I/O）　通常由电源部分、通信适配器部分及接线端子部分组成。分散式 I/O 不具有程序存储和程序执行功能，通信适配器部分接收主站指令，按主站指令驱动 I/O，并将 I/O 输入及故障诊断等返回给主站。通常分散型 I/O 是由主站统一编址，这样在主站编程时使用分散式 I/O 与使用主站的 I/O 没有什么区别。

（3）驱动器、传感器、执行机构等现场设备　即带 PROFIBUS 接口的现场设备，可由主站在线完成系统配置、参数修改、数据交换等功能。至于哪些参数可进行通信，以及参数格式，由 PROFIBUS 行规决定。

### 4.2.3　PROFIBUS 网络协议

PROFIBUS 网络协议包括 DP、PA、FMS、FDL、S7 等多种，其具体含义如下：

**1. DP 协议**

PROFIBUS-DP 协议采用主从通信方式，主要实现主站（控制器）与从站（现场设备，包含智能传感、执行机构、分布式 I/O 等）之间的通信，但主站之间不能直接通信。

**2. PA 协议**

主要用于过程控制系统的现场总线通信，逻辑协议与 DP 相同，但物理层采用 IEC1131-1 作为通信介质，支持现场设备总线供电，如果安装防爆栅，则可用于本质安全系统。

**3. FMS 协议**

采用数据报文作为协议数据单元（PDU），可以实现 PLC 与 PLC 之间的主主通信，主要用于车间级通信，但用于海量数据通信时效率低下，随着工业以太网的发展已经逐渐被淘汰。

**4. FDL 协议**

自由第二层（数据链路层）通信协议，协议数据单元（PDU）为数据帧，通用 DP 通信模块 CP342-5（用于 S7-300）及 CP442-5（用于 S7-400）支持该协议，可以实现简单的主主通信。

### 5. S7 协议

建立在 MPI、PROFIBUS 及工业以太网之上的综合通信协议，主要实现 S7-400 之间、S7-400 与 S7-300 及 PLC 与上位机之间的通信，但由于系统资源问题，S7-300 之间无法使用该协议进行主主通信。

## 4.3 S7 系列 PLC 的 PROFIBUS-DP 应用

### 4.3.1 PROFIBUS 基础

#### 1. PROFIBUS 的基本性质

PROFIBUS 规定了串行现场总线系统的技术和功能特性。通过这个系统，从底层（传感器、执行器级）到中层（单元级）的分布式、数字现场可编程序控制器都可以联网。PROFIBUS 区分为主站和从站。

（1）主站 主站掌握总线中数据流的控制权。只要它拥有访问总线权（令牌），主站就可以在没有外部请求的情况下发送信息。在 PROFIBUS 协议中，主站也被称作主动节点。

（2）从站 从站是简单的输入、输出设备。典型的从站为传感器、执行器以及变频器。从站也可为智能从站，如带有集成 DP 口的 S7 系列 PLC。从站不会拥有总线访问的授权。从站只能确认收到的信息或者在主站的请求下发送信息。从站也被称作被动节点。

（3）传输方法 符合美国标准 EIA RS 485 的闭合电路传输，是制造工程、建筑服务管理系统和动力工程的基本标准。它采用铜导体的双绞线，也可用光纤。

（4）传输速率 PROFIBUS 总线的传输速率为 9.6kbit/s ~ 12Mbit/s，见表 4-2。

表 4-2 网段总线长度与传输速率的关系

| 传输速率/(kbit/s) | 9.6 ~ 187.5 | 500 | 1500 | 3000 ~ 12000 |
| --- | --- | --- | --- | --- |
| 总线长度/m | 1000 | 400 | 200 | 100 |

（5）最大节点数 127（地址 0 ~ 126）。

#### 2. PROFIBUS 现场应用类型

PROFIBUS 提供了 3 种通信协议类型：FMS、DP 和 PA。

1）PROFIBUS-FMS：用于现场通用通信任务的 FMS 接口（DIN 19245 T.2）。

2）PROFIBUS-DP：用于与分布式 I/O 进行高速通信。

3）PROFIBUS-PA：用于执行规定现场设备特性的 PA 设备，它使用扩展的 PROFIBUS-DP 协议进行数据传输。

#### 3. 利用 PROFIBUS-DP 进行的通信

PROFIBUS-DP 是为了实现在传感器-执行器级快速数据交换而设计的。中央控制装置（例如可编程序控制器）在这里通过一种快速的串行接口与分布式输入和输出设备通信。与这些装置的通信一般是循环发生的。

中央控制器（主站）从从站读取输入信息并将输出信息写到从站。

单主站或者多主站系统可以由 PROFIBUS-DP 来实现，这使得系统配置异常方便。一条总线最多可以连接 126 个设备（主站或从站）。

（1）系统配置 系统配置的规范包含一系列的站点，I/O 地址的分配，输入、输出数据的完整性，诊断信息的格式以及总线参数。

（2）设备类型

1）DP1 类主站：这是一种在给定的信息循环中与分布式站点（DP 从站）交换信息的中央控制器。

典型的设备有可编程序控制器（PLC）、微机数值控制（CNC）或个人计算机（PC）等。

2）DP2 类主站：属于这一类的装置包括编程器、组态装置和诊断装置，例如上位机。这些设备在 DP 系统初始化时用来生成系统配置。

3）DP 从站：一台 DP 从站是一种对过程读和写信息的输入、输出装置（传感器、执行器），例如分布式 I/O、ET 200、变频器等。

### 4.3.2 PLC 作为主站连接 ET 200 的 PROFIBUS-DP 通信

分布式输入/输出（I/O）接口模块 ET 200 是 PROFIBUS 网络系统中应用最广泛的从站系统，根据使用场合的不同可以分为 ET 200M、ET 200S、ET 200Pro 等很多种，下面我们通过两个实例介绍以 ET 200 作为从站的 PROFIBUS-DP 通信。

**1. CPU 集成 DP 口作为主站的 PROFIBUS 通信**

S7 系列 PLC 中有很多 CPU 模块都集成了 PROFIBUS-DP 通信口（集成了 DP 口的 CPU 模块带有后缀 DP，如 CPU315-2DP），通过集成 DP 口可以很方便地实现与分布式 I/O 的通信。

本例使用一个集成了 DP 口的 CPU 模块实现与 ET 200M 的通信，网络配置如图 4-2 所示。

图 4-2 集成 DP 口与 ET 200M 通信

（1）所需的软件及硬件

1）软件：STEP7 V5.5 SP2。

2）硬件：PS307 电源、CPU315-2DP、ET 200M。

（2）网络组态及参数设置 打开 STEP7 并创建一个新的项目，将项目命名为 Et200m，在项目中插入新的对象，选择"SIMATIC 300 Station"，如图 4-3 所示。

双击硬件组态，现在组态画面中添加 S7-300 的机架，再从硬件树中找到 CPU315-2DP 选择合适的订货号将其拖拽至主机架的 2 号插槽，如图 4-4 所示。

在主机架上插入 CPU 后，系统会自动弹出 DP 口设置的对话框，如图 4-5 所示。单击"New"按钮新建 PROFIBUS 子网。

图 4-3　在 STEP7 项目中插入 S7-300

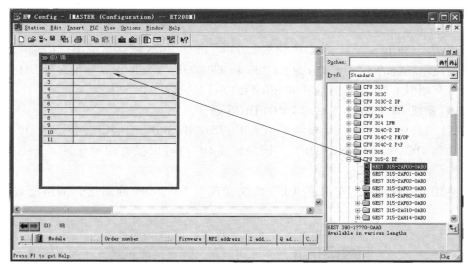

图 4-4　添加 CPU 模块

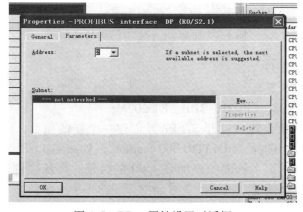

图 4-5　DP 口属性设置对话框

在弹出的对话框中设置 PROFIBUS 子网的属性后单击"OK"按钮完成子网的创建，如图 4-6 所示。

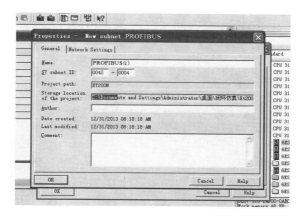

图 4-6　创建新的 PROFIBUS 子网

主站采用默认 DP 地址（组态过程中默认 DP 地址为"2"，完成后在组态画面中 CPU315-2DP 的旁边会多出一根"尾巴"，这根"尾巴"就是刚才新建的 PROFIBUS 子网，选择硬件树中的 PROFIBUS-DP，将 ET 200M 的接口模块 IM153 拖拽到子网上，如图 4-7 所示。

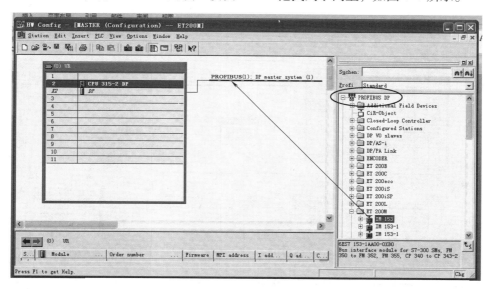

图 4-7　在子网中添加 IM153 接口模块

这时系统会自动弹出 IM153 的网络属性对话框，将其 DP 地址设置为"3"（系统会自动屏蔽已被占用的 DP 地址）后确定退出，如图 4-8 所示。

选择从站，并单击硬件树中 IM153 旁边的"＋"号，在硬件树中选择 DI16/DO16 输入/输出模块并拖拽到下方的列表中，表示在 ET 200M 上添加 I/O 模块，如图 4-9 所示。

完成添加后查看下方的列表，在列表中显示了新增 I/O 模块的输入/输出地址（图 4-10），该地址与 PLC 本地 I/O 地址统一编址，在编程方面与本地地址一样使用，没有任何区别。

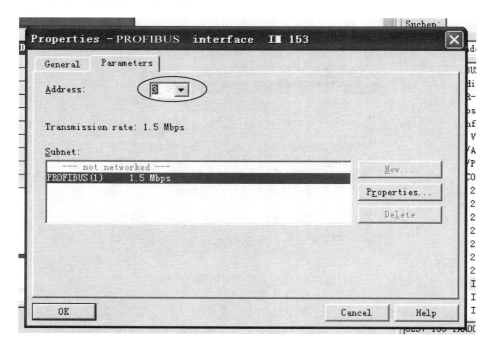

图 4-8 设置从站的 DP 地址

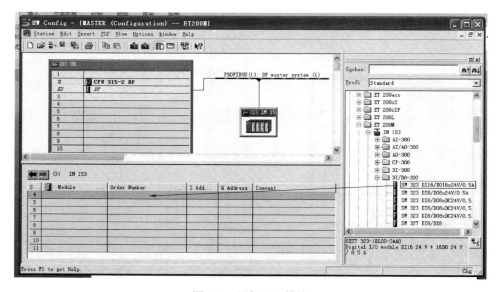

图 4-9 添加 I/O 模块

**2. 利用专用 PROFIBUS 模块**（CP342-5）**作为主站的 PROFIBUS 通信**

CP342-5 是 S7-300 系列的 PROFIBUS 通信模块，带有 PROFIBUS 接口，可以作为 PROFIBUS-DP 的主站，也可以作为从站，但不能同时作为主站和从站，而且只能在 S7-300 的中央机架上使用，不能放在分布式从站上使用。由于 S7-300 系统的 I 区和 Q 区有限，故通信时会有些限制；而用 CP342-5 作为 DP 主站和从站不一样，它对应的通信接口区不是 I 区和 Q 区，而是虚拟通信区，需要调用 FC1 和 FC2 建立接口区。下面以实例来介绍 CP342-

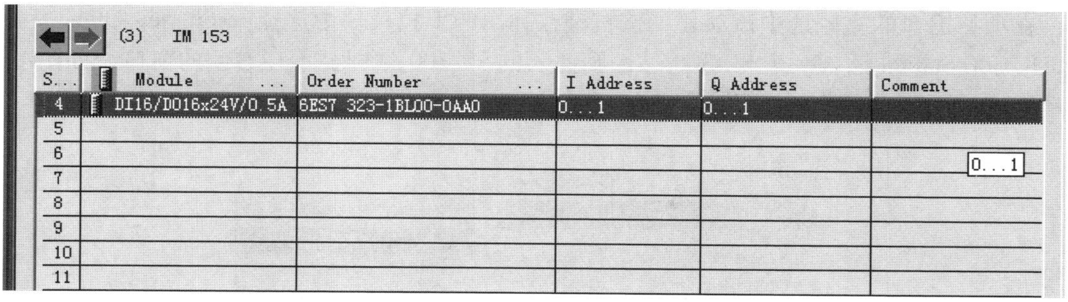

图 4-10　I/O 地址（I0.0-I1.7、Q0.0-Q1.7）

5 作为主站的使用方法。

　　此组态实例是选用 CP342-5 接口作为主站和 ET 200M 组成 PROFIBUS 网络。首先，将 CP342-5 插在 S7-300 的中央机架上，用一条 PROFIBUS 总线将 CP342-5 和 ET 200M 相连接，网络配置如图 4-11 所示。

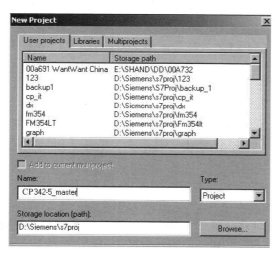

图 4-11　CP342-5 作为主站的通信

（1）所需的软件及硬件

1）软件：STEP 7 V5.2。

2）硬件：PROFIBUS-DP 主站带 CP342-5 的 S7-300 CPU315-2DP、从站选用 ET 200M、MPI 网卡 CP5611、PROFIBUS 电缆及接头。

（2）网络组态及参数设置　打开 STEP7，在 FILE 菜单下选择 NEW 新建一个项目，在 Name 栏中输入项目名称，将其命名为 "CP342-5_master"，在下方的 Storage Location 中设置其存储位置，如图 4-12 所示。

图 4-12　建立 CP342-5 与 ET 200M 连接的项目

在项目窗口的左侧选中该项目，按右键在弹出的下拉菜单中选择 Insert New Object 和 SI-MATIC 300 Station 插入一个 S7-300 站，则插入的 S7-300 站即显示在右侧的窗口，如图 4-13 所示。

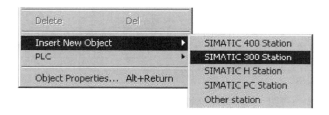

图 4-13 插入 S7-300 站

双击 SIMATIC 300 Station 目录下的 hardware 图标，打开 HW configuration 进行硬件组态。在 HW configuration 主界面的右侧按实际硬件安装顺序完成系统硬件组态。在菜单栏中选择"View"菜单，并在下拉菜单中选择"Catalog"打开硬件目录；在左侧目录中打开 SIMATIC 300 文件夹，在 RACK-300 下选择一个机架，把选用的机架拖到屏幕的左上方，同时在 2 号槽和 4 号槽分别插入 CPU 和 CP342-5 模块。在配置 CPU 时，会自动弹出一个对话框，此时不用做任何设置，直接单击"OK"即可。由于在此实例中将 CP342-5 作为主站，故配置 CP342-5 网络设置时，先新建一条 PROFIBUS 网络，然后组态 PROFIBUS 属性，如图 4-14 所示。

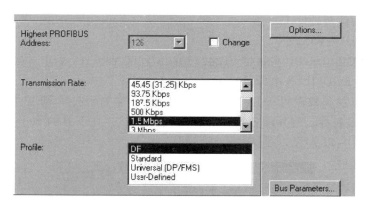

图 4-14 PROFIBUS 网络的属性设置

本例中选择传输速率为"1.5Mbps"和"DP"行规，无中继器和 OBT 等网络元件，单击"OK"按钮确认。然后定义 CP342-5 的站地址，本例中为 2 号站，加入 CP 后，双击该栏，在弹出的对话框中，单击"Operating Mode"选项卡，选择"DP master"模式，如图4-15 所示，单击"OK"按钮确认主站组态完成。

组态从站：在 HW configuration 主界面中，在图 4-16 中选择"PROFIBUS-DP"→"DP V0 slaves"→"ET 200M（IM 153-2）"，并为其配置 2 个字节输入和 2 个字节输出点（见图 4-17），输入/输出点的地址从 0 开始，是虚拟地址映射区，而不占用 I 区和 Q 区。虚拟地址的输入区在主站上要调用 FC1（DP_SEND）与之一一对应，虚拟地址的输出区在主站上要调用 FC2（DP_RECV）与之一一对应 。如果修改 CP342-5 的从站开始地址，如输入/输出从地

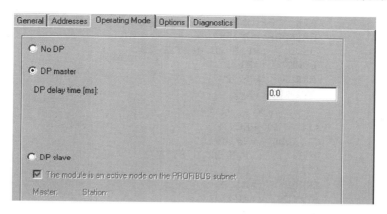

图 4-15　CP342-5 的属性设置

址 2 开始，则相应的 FC1 和 FC2 对应的地址区也要相应偏移 2 个字节。组态完成后下载到 CPU 中，如果没有调用 FC1、FC2，则 CP342-5 PROFIBUS 的状态灯"BUSF"将闪烁，在 OB1 中调用 FC1、FC2 后通信将建立。配置多个从站虚拟地址区将顺延。

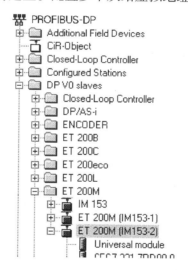

图 4-16　选择 ET 200M 进行组态

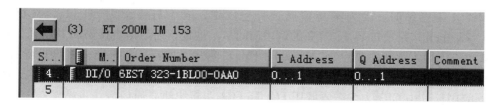

图 4-17　ET 200M 的地址配置

CP342-5 的 DP 网络通信需要编程调用 FC1 和 FC2，在 OB1 中调用 FC1 和 FC2，具体程序如下：

```
CALL   "DP_SEND"                          FC1
 CPLADDR:=W#16#100
 SEND    :=P#M 20.0 BYTE 2
 DONE    :=M1.1
 ERROR   :=M1.2
 STATUS :=MW2


CALL   "DP_RECV"                          FC2
 CPLADDR :=W#16#100
 RECV    :=P#M 22.0 BYTE 2
 NDR      :=M1.3
 ERROR    :=M1.4
 STATUS   :=MW4
 DPSTATUS:=MB6
```

参数含义：

CPLADDR：CP342-5 的地址（注：不是 DP 网络地址，而是图 4-15 中 Addresses 选项卡中的地址）。

SEND：发送区，对应从站的输出区。

RECV：接收区，对应从站的输入区。

DONE：发送完成一次产生一个脉冲。

NDR：接收完成一次产生一个脉冲。

ERROR：错误位。

STATUS：调用 FC1、FC2 时产生的状态字。

DPSTATUS：PROFIBUS-DP 的状态字节。

从上面我们可以看出，MB20、MB21 对应从站输出的第 1 个字节和第 2 个字节，MB22、MB23 对应从站输入的第 1 个字节和第 2 个字节。连接多个从站时，虚拟地址将向后延续和扩大，调用 FC1、FC2 只考虑虚拟地址的长度，而不会考虑各个从站的站号。如果虚拟地址的开始地址不为 0，那么调用 FC 的长度也将会增加，假设：虚拟地址的输入区开始为 4，长度为 10 个字节，那么对应的接收区偏移 4 个字节，相应长度为 14 个字节，接收区的第 5 个字节对应从站输入的第 1 个字节，如接收区为 P#M0.0 BYTE 14，MB0～MB13，偏移 4 个字节后，MB4～MB13 与从站虚拟输入区一一对应。

编完程序下载到 CPU 中，通信区建立后，PROFIBUS 的状态灯将不会闪烁。需要注意：使用 CP342-5 作为主站时，因为本身数据是打包发送，故不需要调用 SFC14、SFC15；由于 CP342-5 寻址的方式是通过 FC1、FC2 的调用访问从站地址，而不是直接访问 I/Q 区，所以在 ET 200M 上不能插入智能模块，如 FM350-1、FM352 等项，所有从站的 Ti、To 时间保持一致。

下面将以 S7-400 CPU 416-2DP 作为主站，CP342-5 作为从站举例说明 CP342-5 模块作为从站的应用，其中 CP342-5 需要调用 FC1 和 FC2 功能块建立通信区。主站发送 16 个字节给从站，同样从站发送 16 个字节给主站。

1）硬件和软件需求如下。

软件：STEP 7 V5.2。

硬件：① PROFIBUS-DP 主站 S7-400 CPU 416-2DP。② 从站选用 S7-300，CP342-5。③ MPI 网卡 CP5611。④ PROFIBUS 电缆及接头。

2）网络配置如图 4-18 所示。

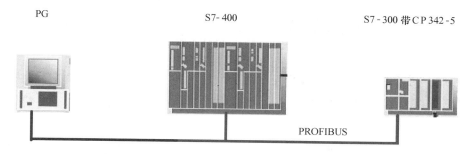

PG             S7-400             S7-300 带 C P 342-5

PROFIBUS

图 4-18　CP342-5 作为从站的网络配置

硬件连接：在此实例中，S7-400 CPU 416-2DP 做主站，CP342-5 做从站。先将 S7-400、S7-300 和 CP342-5 分别进行初始化，然后用 PROFIBUS 电缆将 S7-400 的 DP 口与 CP342-5 的 PROFIBUS 接口按图 4-18 所示网络配置进行连接。修改 CP5611 的参数使之与 PROFIBUS 网络一致，并将其连接到 PROFIBUS 网络上。下面介绍组态详细步骤。

3）组态：打开 SIMATIC MANAGER 软件，在 "File" 菜单的下拉菜单下选择 "New" 新建一个项目，在 "Name" 栏中输入项目名称，将其命名为 " CP342-5_SLAVE"，在下方的 "Storage Location" 中设置其存储位置，如图 4-19 所示。

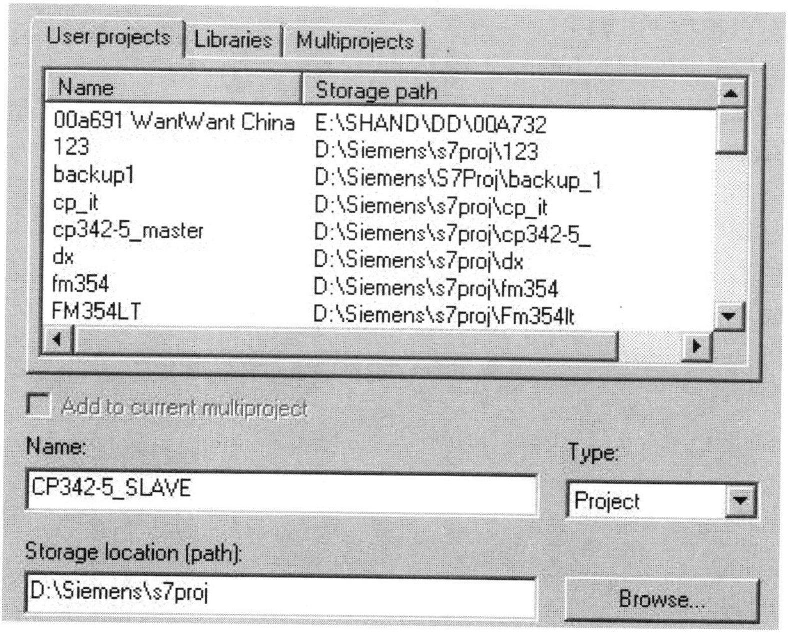

图 4-19　建立新项目

①组态从站：在项目窗口的左侧选中该项目，单击鼠标右键，在弹出的快捷菜单中选择 "Insert New Object" 插入一个 SIMATIC 300 Station，可以看到选择的对象出现在右侧的屏幕上，如图 4-20 所示。

双击 "SIMATIC 300 Station" 目录下的 "hardware" 图标，打开 "HW configuration" 进

图 4-20    插入从站

行硬件组态。在 HW configuration 主界面的右侧按实际硬件安装顺序完成系统硬件组态。在菜单栏中选择"View"菜单下的"Catalog"打开硬件目录。在左侧目录中打开"SIMATIC 300"文件夹，在 RACK-300 下选择一个机架，把选用的机架拖动到屏幕的左上方，同时在 2 号槽和 4 号槽分别插入 S7-300 CPU 和 CP342-5。在配置 CPU 时，会自动弹出一个对话框，此时不用做任何设置，直接单击"OK"即可。由于在此实例中将 CP342-5 作为从站，故配置 CP342-5 网络设置时，先新建一条 PROFIBUS 网络，然后组态 PROFI-BUS 属性，如图 4-21所示。

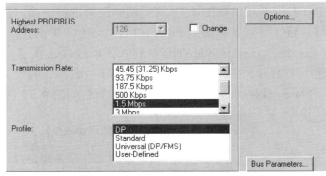

传输速率可以根据 PROFIBUS 总线长度而定，如果网络上有中继器、OBT 和 OLM，那么要通过选项"Options"来加入。

图 4-21    网络属性配置

本例中选择传输速率为 "1.5Mbps"和"DP"行规，无中继器和 OBT 等网络元件，单击"OK"按钮确认，然后定义 CP342-5 的站地址，本例中为 4 号站，加入 CP 后，双击该栏，在弹出的对话框中，单击"Operating Mode"选项卡，选择"DP slave"模式，如图 4-22 所示。

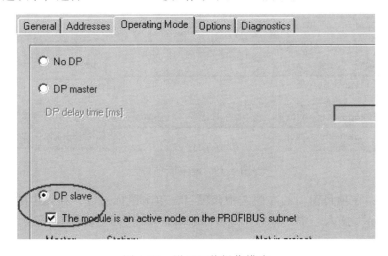

图 4-22    设置网络操作模式

如果激活"DP slave"项下的选择框，表示CP342-5作为从站的同时，还支持编程功能和S7协议。组态完成后编译存盘并下载到CPU中。

②组态主站：在右侧区域单击鼠标右键，在弹出的快捷菜单中选择"SIMATIC 400 Station"插入S7-400主站，在屏幕右侧会看到相应的S7-400站点出现，如图4-23所示。

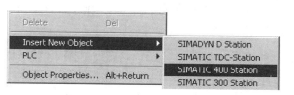

图4-23　插入主站

双击"Hardware"，按实际硬件安装顺序完成系统硬件组态，依次序插入机架、电源、CPU。插入CPU时要同时组态PROFIBUS，选择与从站同一条的PROFIBUS网络，并选择主站的站地址，本例中主站为2号站。CPU组态后会出现一条PROFIBUS网络，在硬件中选择"Configured Stations"，从"S7-300 CP342-5 DP"中选择与订货号、版本号相同的CP342-5，如图4-24所示。

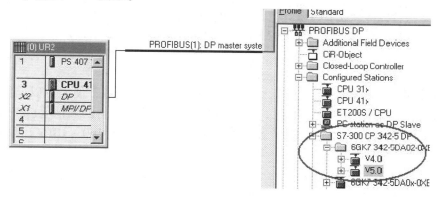

图4-24　组态主站及网络

然后拖动到PROFIBUS网上，在刚才已经组态完的从站列表中，单击"Connect"，连接从站到主站的PROFIBUS网上，如图4-25所示。

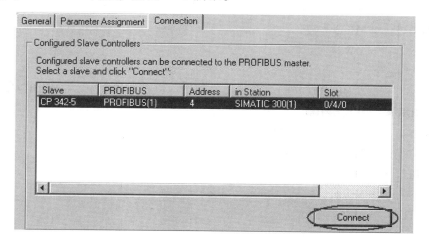

图4-25　将从站添加到主站系统中

连接完成后，单击从站组态通信接口区，插入16B的输入和16B的输出，如果选择"Total"，主站CPU要调用SFC14、SFC15对数据包进行处理，本例中选择按字节通信，在主站中不需要对通信进行编程，组态如图4-26所示。

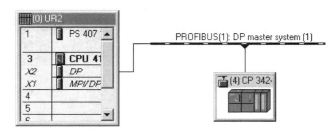

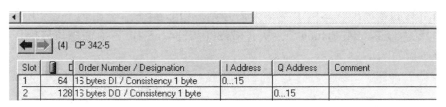

图4-26　主站通信区设置

组态完成后编译存盘下载到CPU中，可以修改CP5611参数，使之可以连接到PROFIBUS网络上，同时对主站和从站编程。从图4-27中可以看到主站的通信区已经建立，主站发送到从站的数据区为QB0～QB15，主站接收从站的数据区为IB0～IB15，从站需要调用FC1、FC2建立通信区。

4）从站编程：在"Libraries"→"SIMATIC_NET_CP"→"CP300"找到FC1、FC2，并在OB1调用FC1、FC2建立通信区，例子如下：

```
CALL            " DP_SEND"              FC1          —DP SEND
  CPLADDR ：= W#16#100
  SEND    ：= P#M 20. 0 BYTE 16
  DONE    ：= M1. 1
  ERROR   ：= M1. 2
  STATUS  ：= MW2


CALL            " DP_RECV"              FC2          —DP RECEIVE
  CPLADDR ：= W#16#100
  RECV    ：= P#M 40. 0 BYTE 16
  NDR     ：= M1. 3
  ERROR   ：= M1. 4
  STATUS  ：= MW4
  DPSTATUS：= MB6
```

参数含义：

● CPLADDR：CP342-5的地址。

- SEND：发送区，对应主站的输入区。
- RECV：接收区，对应主站的输出区。
- DONE：发送完成一次产生一个脉冲。
- NDR：接收完成一次产生一个脉冲。
- ERROR：错误位。
- STATUS：调用 FC1、FC2 时产生的状态字。
- DPSTATUS：PROFIBUS-DP 的状态字节。

编译存盘并下载到 CPU 中，这样通信接口区就建立起来了。主站为 S7-400，从站为 CP342-5，QB0～QB15→MB40～MB55，IB0～IB15←MB20～MB35。

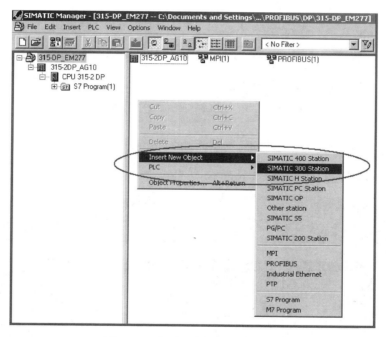

图 4-27　在项目中插入 S7-300 站

## 4.4　通过 PROFIBUS 与第三方设备通信

支持 PROFIBUS 协议的第三方设备，将设备相关的特性及 PROFIBUS 接口的参数打包在一个 GSD 文件（*.gsd）中，PROFIBUS 中第三方设备的加入通过导入该设备的相关 GSD 文件来实现。在本例中，通过 S7-300 与 S7-200 的通信来进行说明。

S7-300 与 S7-200 通过 EM 277 进行 PROFIBUS-DP 通信，需要在 STEP 7 中进行 S7-300 站组态，在 S7-200 系统中不需要对通信进行组态和编程，只需将要进行通信的数据整理存放在 V 存储区，并与 S7-300 的组态 EM 277 从站时的硬件 I/O 地址相对应就可以了，如图 4-27所示。

选中 STEP 7 的硬件组态窗口中的菜单"Options"→"Install New GSD"，导入 SI-EM089D.GSD 文件，安装 EM 277 从站配置文件，如图 4-28 所示。

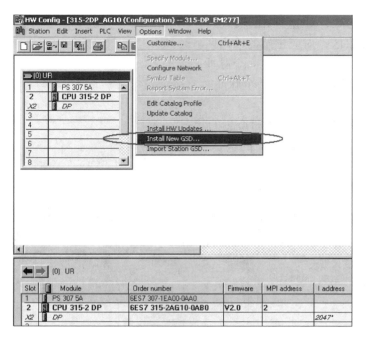

图 4-28　导入新的 GSD 文件

如图 4-29 所示，选择 EM 277 模块的 GSD 文件。

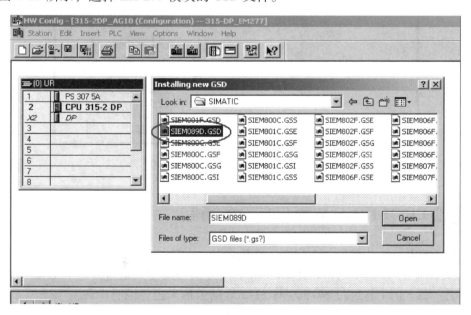

图 4-29　选择 EM 277 的 GSD 文件

　　导入 GSD 文件后，在右侧的设备选择列表中找到 EM 277 从站，"PROFIBUS-DP"→ "Additional Field Devices"→"PLC"→"SIMATIC"→"EM 277"，并且根据通信字节数选择一种通信方式，本例中选择了 8B 输入/8B 输出的方式，如图 4-30 所示。

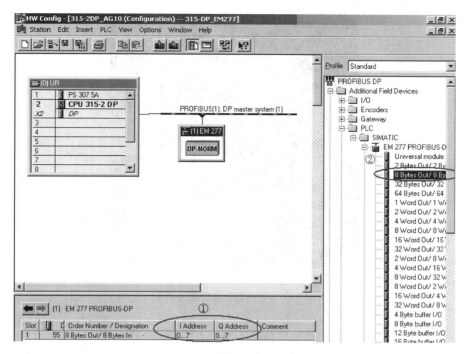

图 4-30 选择通信数据区

根据 EM 277 上的拨位开关设定以上 EM 277 的从站地址，如图 4-31、图 4-32 所示。

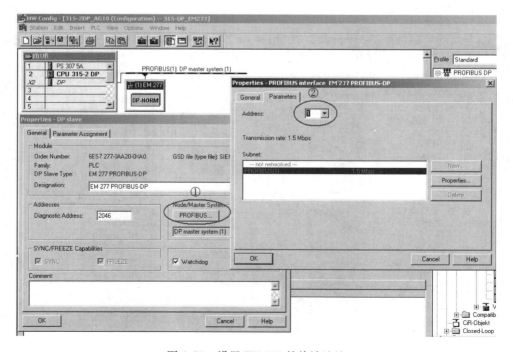

图 4-31 设置 EM 277 的从站地址

图 4-32　EM 277 上的拨位开关

组态完系统的硬件配置后，将硬件信息下载到 S7-300 的 PLC 当中。

S7-300 的硬件下载完成后，将 EM 277 的拨位开关拨到与以上硬件组态的设定值一致。在 S7-200 中编写程序，将进行交换的数据存放在 VB0 ~ VB15 对应 S7-300 的 PQB0 ~ PQB7 和 PIB0 ~ PIB7 中。打开 STEP 7 中的变量表和 STEP 7 MicroWin 32 的状态表进行监控，它们的数据交换结果如图 4-33 所示。

| | | Address | | Symbol | Symbol comment | Displ | Status value | Modify value |
|---|---|---|---|---|---|---|---|---|
| 1 | | PQB | 0 | "S7200_VB0" | S7300_DO_PQB0-PQB7 = S7200_VB_0-7 | HEX | | B#16#00 |
| 2 | | PQB | 1 | "S7200_VB1" | | HEX | | B#16#01 |
| 3 | | PQB | 2 | "S7200_VB2" | | HEX | | B#16#02 |
| 4 | | PQB | 3 | "S7200_VB3" | | HEX | | B#16#03 |
| 5 | | PQB | 4 | "S7200_VB4" | | HEX | | B#16#04 |
| 6 | | PQB | 5 | "S7200_VB5" | | HEX | | B#16#05 |
| 7 | | PQB | 6 | "S7200_VB6" | | HEX | | B#16#06 |
| 8 | | PQB | 7 | "S7200_VB7" | | HEX | | B#16#07 |
| 9 | | PIB | 0 | "S7200_VB8" | S7300_DO_PQB0-PQB7 = S7200_VB_8-15 | HEX | B#16#08 | |
| 10 | | PIB | 1 | "S7200_VB9" | | HEX | B#16#09 | |
| 11 | | PIB | 2 | "S7200_VB10" | | HEX | B#16#0A | |
| 12 | | PIB | 3 | "S7200_VB11" | | HEX | B#16#0B | |
| 13 | | PIB | 4 | "S7200_VB12" | | HEX | B#16#0C | |
| 14 | | PIB | 5 | "S7200_VB13" | | HEX | B#16#0D | |
| 15 | | PIB | 6 | "S7200_VB14" | | HEX | B#16#0E | |
| 16 | | PIB | 7 | "S7200_VB15" | | HEX | B#16#0F | |
| 17 | | | | | | | | |

图 4-33　STEP 7 中的数据交换

**注意**：VB0 ~ VB7 是 S7-300 写到 S7-200 的数据，VB8 ~ VB15 是 S7-300 从 S7-200 读取的值。EM 277 上拨位开关的位置一定要和 S7-300 中组态的地址值一致，如图 4-34 所示。

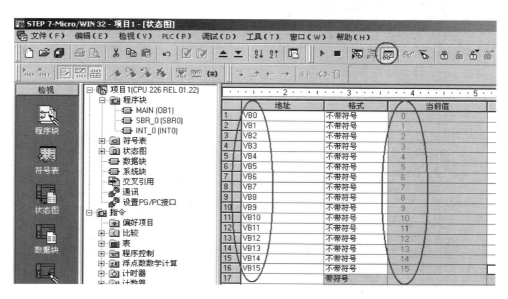

图 4-34　S7-200 中的变量

# 4.5　PROFIBUS 自由第二层通信

FDL 是 PROFIBUS 的第二层——数据链路层（Fieldbus Data Layer）的缩写，它可以提供高等级的传输安全保证，能有效地检测出错位，进行双向数据传输。发送方和接收方可以同时触发发送和接收响应。

FDL 实现 PROFIBUS 主站和主站之间的通信。在 PROFIBUS-DP 通信中，具有令牌功能的 PROFIBUS-DP 主站轮循无令牌功能的从站进行数据交换。与此不同，PROFIBUS FDL 的每一个通信站点都具有令牌功能，通信以令牌环的方式进行数据交换，每一个 FDL 站点都可以和多个站点建立通信连接。FDL 允许发送和接收最大 240B 的数据。

下面配置实现一台 314C-2DP 和一台 314C-2PtP 通过 CP342-5 和 CP343-5 之间的 FDL 通信。

1）根据系统的配置在 STEP 7 中创建两个 Project，在 HW Config 窗口中分别进行硬件组态，如图 4-35 所示。

2）插入 CP342-5 时，需要创建 PROFIBUS Networked，如图 4-36 所示。并在 Operating Mode 标签页中选择 "No DP" 方式，如图 4-37 所示。

3）在两个 Project 中分别组态完硬件后，单击 Configure Network 按钮，打开总线网络配置窗口，如图 4-38 所示。

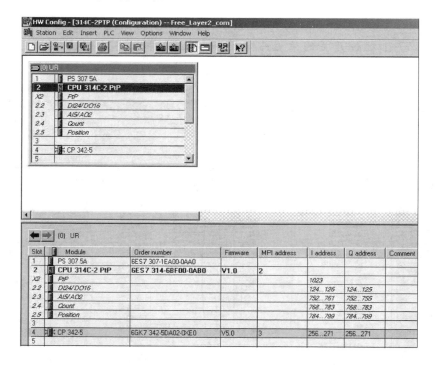

图 4-35　硬件组态

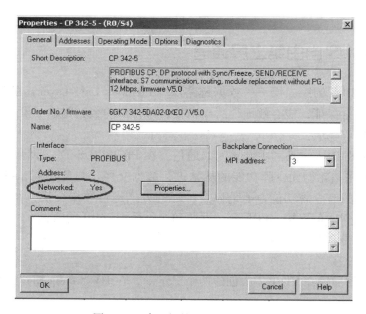

图 4-36　建立新的 PROFIBUS 子网

4）在网络配置窗口中，单击鼠标右键插入一个"Insert New Connection"，如图 4-39 所示。

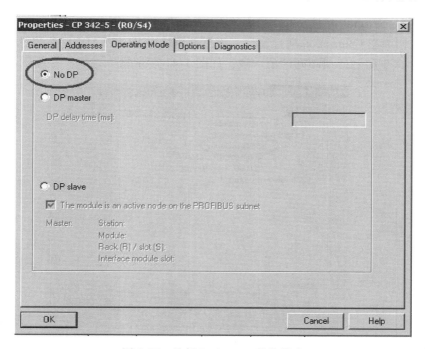

图 4-37 选择 PROFIBUS 操作模式

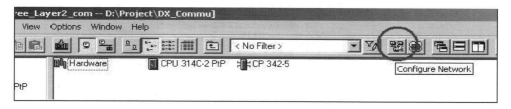

图 4-38 打开网络配置窗口

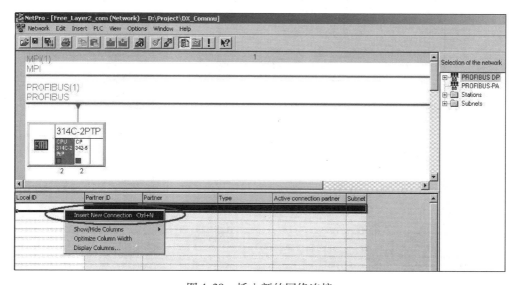

图 4-39 插入新的网络连接

5）选择"Unspecified"和"FDL Connection"链接模式后，如图 4-40 所示，单击"Apply"按钮弹出 Connection 属性窗口，注意该窗口中 ID 和 LADDR 参数对应的数值，要和后面编写的 FC5 和 FC6 所填写的值一致，如图 4-41 所示。

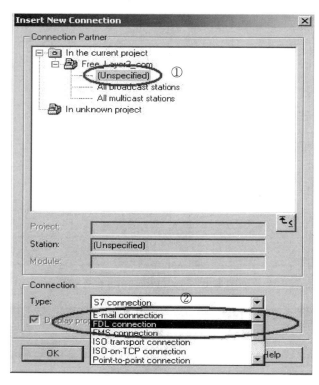

图 4-40　将新连接的通信方式选为 FDL

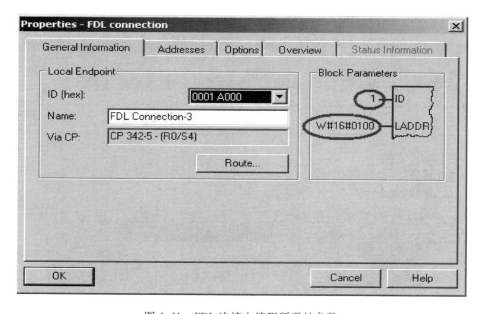

图 4-41　FDL 连接中编程所需的参数

6）在 Addresses 标签页中选中"Free Layer 2 access"选项，并且记住 PROFIBUS 站址和 LSAP 值，这两个值要填写在发送数据的前两个字节当中，如图 4-42 所示。

7）单击"OK"按钮，连接创建完成，并进行硬件的存盘，编译，下载。再进行 2 号站 NetPro 中自由第二层协议链接的创建。该过程的详细操作与 1 号站的操作一致，如图 4-43 所示。

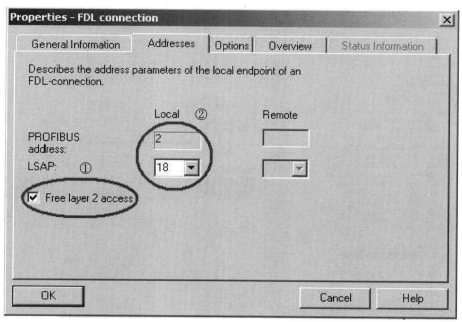

图 4-42 PROFIBUS 站地址设置

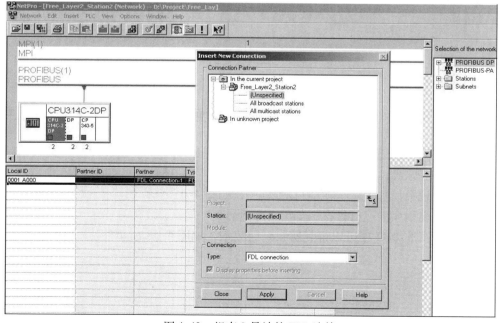

图 4-43 组态 2 号站的 FDL 连接

8）硬件组态和网络链接完成后，分别在两个 Project 中的两个站当中的 OB1 里插入"AG_ SEND（FC5）"和"AG_ RECV（FC6）"程序块，如图 4-44 所示。

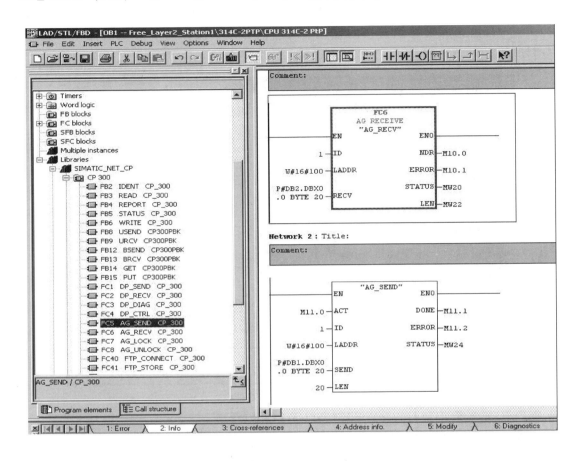

图 4-44　使用 FC5 和 FC6 编程

9）分别在两个站当中插入收发数据区 DB1（Send_ Data）和 DB2（Receive_ Data），并且在 DB1 的第一个字节当中填写对方的 PROFIBUS 地址，第二个字节当中填写对方的 LSAP 数值。第三、四字节空出不用，从第五个字节开始填写要发送的字节，并注意这里采用十六进制的表达方式，所以上面设定的 18，应该是"B#16#12"，如图 4-45 所示。

10）在变量表中设置位发送使能位 M 11.0，如图 4-46 所示。

11）在线监视程序的运行情况，如图 4-47 所示。

12）在 2 号站的 DB2 中可以得到所收到的数据，如图 4-48 所示。

| Address | Name | Type | Initial value | Actual value | Comment |
|---|---|---|---|---|---|
| 0.0 | Send[1] | BYTE | B#16#0 | B#16#02 | Temporar |
| 1.0 | Send[2] | BYTE | B#16#0 | B#16#12 | |
| 2.0 | Send[3] | BYTE | B#16#0 | B#16#00 | |
| 3.0 | Send[4] | BYTE | B#16#0 | B#16#00 | |
| 4.0 | Send[5] | BYTE | B#16#0 | B#16#11 | |
| 5.0 | Send[6] | BYTE | B#16#0 | B#16#22 | |
| 6.0 | Send[7] | BYTE | B#16#0 | B#16#33 | |
| 7.0 | Send[8] | BYTE | B#16#0 | B#16#44 | |
| 8.0 | Send[9] | BYTE | B#16#0 | B#16#00 | |
| 9.0 | Send[10] | BYTE | B#16#0 | B#16#00 | |
| 10.0 | Send[11] | BYTE | B#16#0 | B#16#00 | |
| 11.0 | Send[12] | BYTE | B#16#0 | B#16#00 | |
| 12.0 | Send[13] | BYTE | B#16#0 | B#16#00 | |

图 4-45　本例的数据缓冲区配置

| | Address | Symbol | Display format | Status value | Modify value |
|---|---|---|---|---|---|
| 1 | M 11.0 | | BOOL | true | true |
| 2 | DB1.DBB 0 | "Send_Data".Send[1] | HEX | B#16#02 | B#16#02 |
| 3 | DB1.DBB 1 | "Send_Data".Send[2] | HEX | B#16#12 | B#16#12 |
| 4 | | | | | |

图 4-46　通过变量表对数据传输情况进行设置

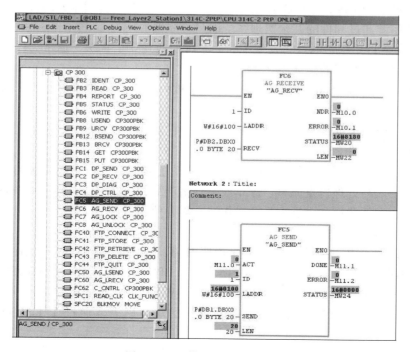

图 4-47　通信过程的实时监视

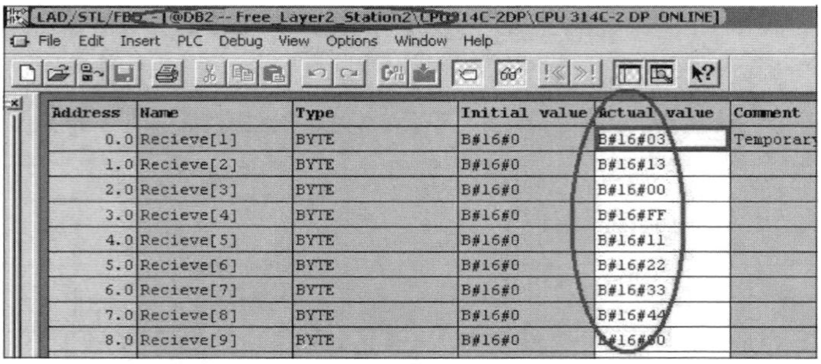

图4-48 在变量表中看到的数据接收情况

## 4.6 特殊环境下的 PROFIBUS 网络

随着现场总线技术的不断发展，PROFIBUS 逐渐在各种特殊领域派生出许多专门的应用方案，如在故障与安全系统中的 PROFI-Safety；专门为工厂节能系统设计的 PROFI-Energy 等。本节将通过实例介绍 PROFIBUS 在冗余控制（H）系统及伺服传动系统中的应用。

### 4.6.1 H 系统中的 PROFIBUS-DP

**1. H 系统的定义**

在现代工业的各个领域，要求拥有一种能够满足经济、环保、节能的高度自动化系统，同时，具有冗余及故障安全功能的可编程序控制器是针对最高等级的控制需求。

H（高可靠性）系统，通过将发生中断的单元自动切换到备用单元的方法实现系统的不中断工作，H 系统通过部件的冗余实现系统的高可靠性。

F（故障安全）系统，通过将发生中断的系统切换到安全状态（通常为停车）来避免造成对生命、环境和原材料的破坏。

FH 或 HF（故障安全和高可靠性）系统，通过将发生故障的通道关闭，保证系统无扰动运行。

S7-400H 是西门子提供的最新冗余 PLC。由于它是 SIMATIC S7 家族的一员，这意味 S7-400H 拥有所有 SIMATIC S7 具有的先进性。

H 系统的优点：避免由于单个 CPU 故障造成系统瘫痪，可以实现无扰动切换，不会丢失任何信息。一般在处理贵重原料、停车或不合格产品的成本昂贵、控制系统瘫痪导致重新开车的费用高、无需监视和维护人员的操作场合需要使用 H 系统。

**2. H 系统的硬件组态**

下面我们以图4-49所示的系统为例来说明 H 系统的网络硬件组态。在 H 系统中，两个 CPU 模块之间通过光纤连接来实现信息交换，每个 CPU 模块都连接一个 PROFIBUS-DP 主站系统。对于 ET 200M 这样的从站，可以采用两个 IM153 连接模块分别连接到两个网络系统中实现通信；而对于智能执行机构、变频器这样的从站则需要通过 Y-Link 耦合器来实现通信。

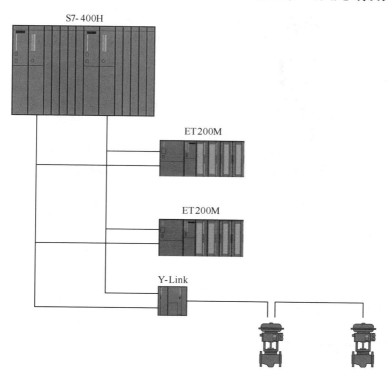

图 4-49 H 系统的网络配置

（1）所需的硬件及软件

1）硬件：一套 S7-400H PLC，包括

① 1 个安装机架 UR2-H。

② 2 个电源模板 PS 407 10A。

③ 2 个容错 CPU，CPU414-4H 或 CPU 417-4H。

④ 4 个同步子模板。

⑤ 2 根光缆。

一个 ET 200M 分布式 I/O 设备，包括

① 2 个 IM 153-2。

② 1 个数字量输入模板。

③ 1 个数字量输出模板。

必备的附件，如 PROFIBUS 屏蔽电缆及网络连接器等。

2）软件：STEP 7 V5.3 SP2 标准版（已集成冗余选件包）或更高版本。

（2）网络配置及硬件组态 两个 CPU 模块间的光纤连接如图 4-50 所示，下面是系统的硬件组态过程。

1）创建项目组态 S7-400H。在 STEP7 中新建一个项目，在 Insert 菜单下的 Station 选项中选择 SIMATIC H Station，添加一个新的 S7-400H 的站，如图 4-51 所示。

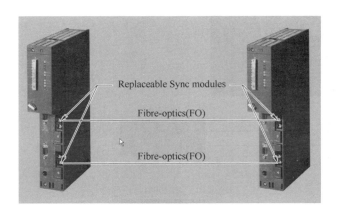

图 4-50　S7-400H 同步光纤的连接

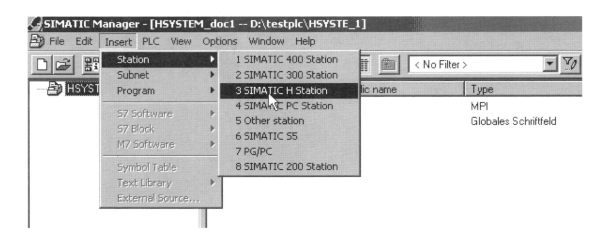

图 4-51　创建项目和添加 S7-400H 站

2）配置硬件

① 在 S7-400H 站目录下双击 Hardware 打开硬件配置。

② 添加一个 UR2 H 机架，如图 4-52 所示。

③ 配置电源和 CPU，并设定 CPU 上 PROFIBUS DP 主站的地址，在本例中为 2，如图 4-53 所示。

④ 添加同步子模板到 IF1 和 IF2 槽位上。

⑤ 添加以太网网卡并配置 MAC 网络地址，如图 4-54 所示。

只有以太网可以与 HMI 系统 WINCC 通信。

⑥ 将机架 0 的硬件配置复制、粘贴，复制为机架 1 并调整网络参数，如：以太网的 MAC 地址等，在硬件组态中出现两个机架，如 4-55 所示。

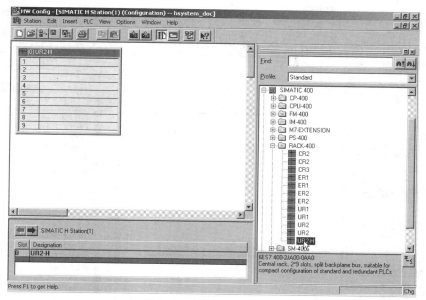

图 4-52　添加 UR2 H 机架

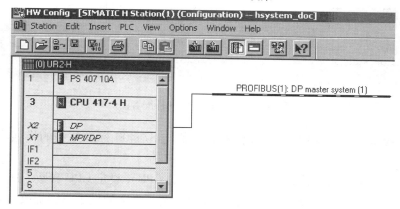

图 4-53　添加 S7-400H CPU

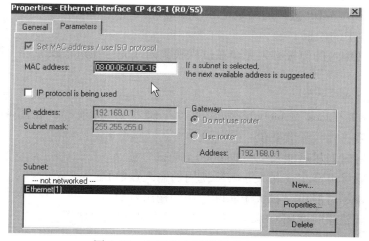

图 4-54　配置以太网模板 CP443-1

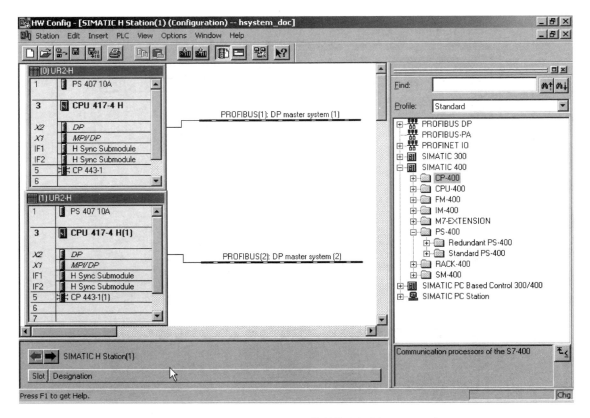

图 4-55　S7-400H 的硬件配置图

3）系统参数设置。容错站中的模板参数赋值与 S7-400 标准站中的模板参数赋值没有什么区别。

对于中央处理器单元只需对 CPU0（机架 0 上的 CPU）设定 CPU 参数，所设定的数值将自动分配给 CPU1（机架 1 上的 CPU）。除以下参数外 CPU1 的设置不能更改：

⊕ CPU 的 MPI 地址。

⊕ 集成 PROFIBUS-DP 接口的站地址和诊断地址。

⊕ I/O 地址区中的模板。

在 I/O 地址区编址的模板必须完全在过程映象内或完全在过程映象外，否则不能保证数据的一致性。

CPU 的参数设置：

① 单击 "Cycle/Clock Memory（循环/时钟存储器）" 选项栏，如图 4-56 所示，设置 CPU 循环处理参数。建议设置数值：

扫描循环监视时间尽可能长（例如 6000 ms）。

过程输入映象尽可能小（稍大于实际使用的输入点数）。

过程输出映象尽可能小（稍大于实际使用的输出点数）。

出现 I/O 访问错误时调用 OB 85：只对于输入错误和输出错误。

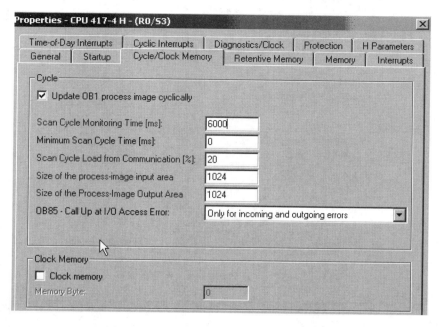

图 4-56　"Cyclic/Clock Memory" 参数配置

② 设置诊断缓冲区中的报文数量。在"Diagnostics/Clock（诊断/时钟）"选项栏中可以设置诊断缓冲区的报文数量，建议设定较大数值，例如：1000。

③ 模块的监控时间。在"Startup（启动）"选项栏中，可以指定模块监视时间，它取决于容错站的配置。如果监视时间太短，CPU 将在诊断缓冲区中输入 W#16#6547 事件。

参数的传输时间取决于以下因素：

☺ 总线系统的传输速率（传输速率高→传输时间短）。

☺ 参数和系统数据块的大小（参数长→传输时间长）。

☺ 总线系统上的负载（从站多→传输时间长）。

建议设置：600（对应于60s）。

④ CPU 自检周期。在"H Parameters（冗余系统参数）"选项栏中，配置 CPU 后台自检的周期。可选范围为 10min 到 60000min。

建议设置：使用缺省值 90min，如图 4-57 所示。

4）配置 ET 200M 站

① 单击 DP 总线"master：DP master system（1）"，在硬件目录 PROFIBUS- DP 下，选择一个 IM153 2 的站点，双击添加一个 ET 200M 站。

② 设定 ET 200M 站的地址。

③ 在 ET 200M 站上添加 I/O 模块。

从站配置后的界面如图 4-58 所示。

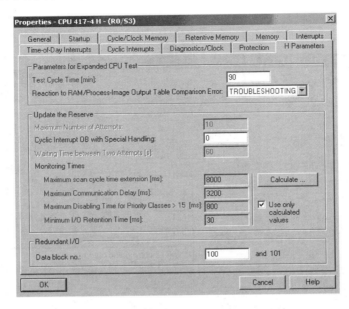

图 4-57　"H Parameters"参数配置

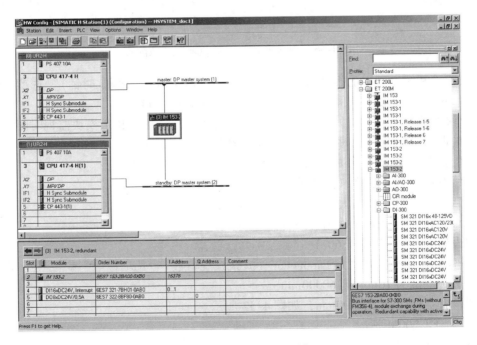

图 4-58　配置 ET 200M 站

5) 配置 Y-Link 耦合器

① 点击 DP 总线 "master: DP master system (1)", 在硬件目录的 DP/PA Link 下选择 IM157, 并双击添加一个站。

② 设定 Y-Link 的站地址。

③ 选择将 Y-Link 设置为一个 DP/DP 耦合器或 DP/PA 耦合器, 如图 4-59 所示。

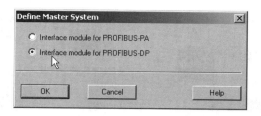

图 4-59  选择 Y- Link 的类型

④ 在 Y- Link 后的 PROFIBUS 总线上添加单一总线接口的从站站点，如：Masterdrive 等。组态完成的界面如图 4-60 所示。

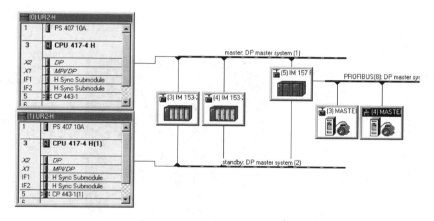

图 4-60  Y- Link 配置图

**注意**：在修改硬件配置后或退出 HW Config 之前一定要进行编译。

6）添加错误诊断 OB 块。以下错误 OB 块必须装入 S7-400H 的 CPU 中，OB70、OB72、OB80、OB82、OB83、OB85、OB86、OB87、OB88、OB121 和 OB 122。如果没有装载这些 OB，H 系统在出现错误时可能会进入 STOP 状态，这些 OB 块另一个功能可以对事件信息进行诊断。

### 4. 6. 2  工艺控制中的 PROFIBUS- DP

由于 PLC 功能的不断增强，机械部分正在简化。大量的机械部分被电子部分所取代，运动控制的功能在不断加强。运动控制（伺服控制）在现代工业生产中具有非常广泛的应用，在之前版本的 S7 系统中，运动控制功能需要应用专门的模块（如高速计数模块、运动控制模块）来实现。

根据控制的发展趋势，西门子推出了 T-CPU 产品，来解决和运动控制有关的任务。

工艺 CPU 的设计理念是把 CPU317-2DP 和运动控制功能、传动装置参数化功能结合在一起，成为一个产品，如图 4-61 所示。

T-CPU 和 SIMOTION 产品有相同之处，都是采用 SIMOTION Kernel 软件内核，T-CPU 通过集成在 STEP7 环境下的工艺软件包来配置和编程，SIMOTION 通过集成或非集成在 STEP7 环境下的 SCOUT 软件来配置和编程，如图 4-62 所示。

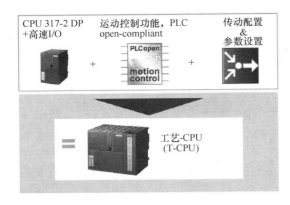

图 4-61　T-CPU

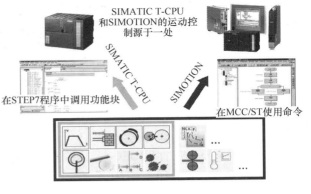

图 4-62　T-CPU 的系统构成

T-CPU 硬件结构如图 4-63 所示，在 CPU 上包含了两个 PROFI-BUS-DP 接口，其中 1 号口为 MPI 复合口，用来实现 PLC 与上位机及 PC 的通信、2 号口为 DRIVE 口，是专门用来实现工艺通信的接口。

T-CPU 集成了普通 PLC 的特点和功能，同时集成了大量的工艺控制功能，如凸轮、位控、同步等等。从控制对象上，各种变频器均可和 T-CPU 相连。

T-CPU 可以通过 DP（驱动）总线控制数字驱动器，同时可以通过 DP/MPI 总线连接到 PC、HMI 和其他 DP 从站，如图 4-64 所示。

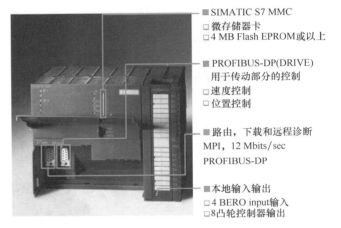

图 4-63　T-CPU 硬件结构

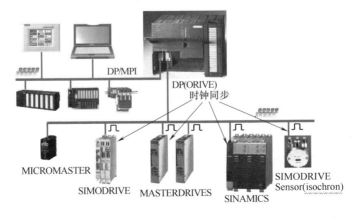

图 4-64　T-CPU 网络结构

T-CPU 也可以通过 DP 总线连接到模拟量接口模块 ADI4 来控制 4 个轴，结构如

图 4-65 所示。

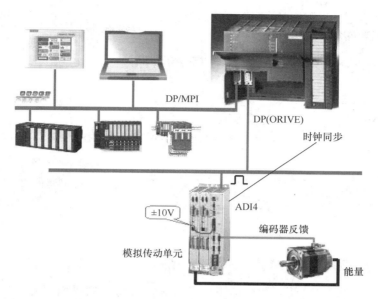

图 4-65 模拟传动

在 STEP7 上创建一个 S7 T 项目，完成 317-T CPU 的硬件组态（如图 4-66 所示）、系统参数设置，配置 SIMODRIVE 611U 与 317-T CPU 的 PROFIBUS 网络连接。

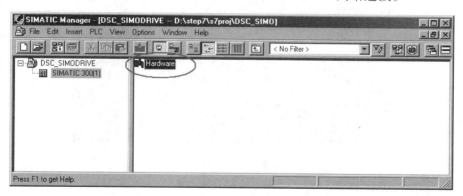

图 4-66 创建项目并进行硬件组态

在 HW Config 应用窗口，首先将 Profile 选择为 SIMATIC Technology CPU，然后插入一个机架，机架第一槽插入 PS307 电源模板，第二槽插 S7 317T-2DP CPU，在第二槽插入一个 317T-2DP CPU 时，系统会自动弹出如图 4-67 所示信息框，提示用户将 MPI 口的通信速率调整到大于或等于 1.5Mbps（bps 即为 bit/s），以便提高程序的下载速度，因为 MPI 的默认通信速率是 187.5kbps。

在本实例中将 MPI 通信速率设为 12Mbps。双击 CPU 的 MPI/DP 接口，设置该接口的传输速率为 12Mbps，如图 4-68 所示。

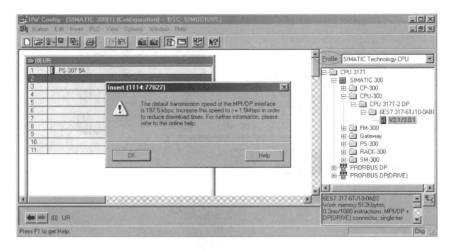

图 4-67 调整 MPI 口通信速率的提示

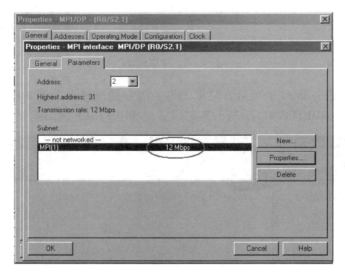

图 4-68 设置传输速率

单击"OK"按钮确认，系统自动弹出 PROFIBUS-DP 接口的属性窗口，设置 PROFI-BUS-DP 接口的站地址为'2'，然后单击"New"按钮，新建 PROFIBUS-DP 网络。

在网络属性窗口中，选择 Network Settings 标签，设置总线传输速率为"12Mbps"，Profile 选择"DP"，然后单击"Options"按钮，如图 4-69 所示。

在 Options 窗口中，选中 Constant Bus Cycle Time 标签，激活"Active constant bus cycle time"功能，然后单击"Recalculate"按钮，此时 Constant DP Cycle 为"1.533ms"，最后单击"OK"按钮确认，如图 4-70 所示。

组态完 PROFIBUS-DP 总线和 MPI 接口后，在 PROFIBUS-DP 总线上添加 SIMODRIVE 611U，硬件目录的路径 CPU 317T\PROFIBUS DP（DRIVE）\DRIVES\SIMODRIVE\ SIMODRIVE 611universal 下选择"SIMODRIVE 611 universal"，并设置 611U 的站地址为"3"，该地址要同 SimoCom U 中 P918 的参数一致，如图 4-71 所示。

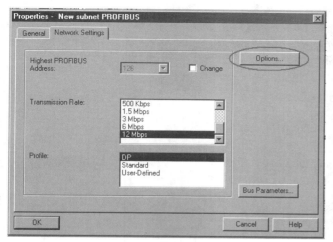

图 4-69　设置 PROFIBUS-DP 传输速率

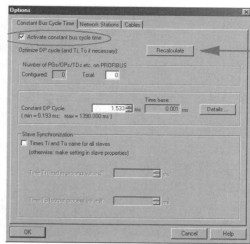

图 4-70　PROFIBUS-DP 属性设置

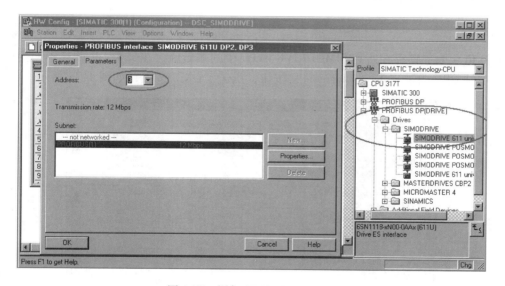

图 4-71　添加 SIMODRIVE 611U

在图 4-71 的 Properties 对话框中单击 "OK" 确认按钮后，系统自动弹出一个 DP Slave Proerties 对话框，首先选择 Configuration 标签，设置 PROFIBUS 报文结构，在本实例中用的是 611U 单轴模块，应选择 "1 axis，Telegram 105，PZD-10/10"，该参数应与 SimoCom U 中的 P922 参数一致，如图 4-72 所示。

在 DP Slave Properties 对话框中，选中 Clock Synchronization 标签，激活 "Synchronize drive with equidistant DP cycle" 功能。其中：

DP cycle：总线循环时间取决于从站的数量。

Master application cycle：这里规定主站给 SIMODRIVE 611U 从站提供新的循环时间，对 317T-2DP CPU 而言，这是一个位控循环时间。

设定值接受：在每个 DP 总线循环时间过后，主站 CPU 将设定值同时输出到所有从站。

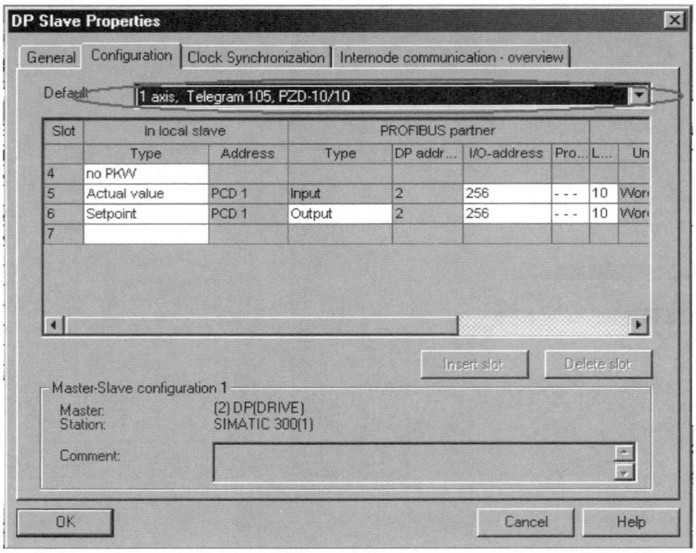

图 4-72　设置从站中的轴参数

实际值获取：锁存在所有 SIMODRIVE 611U 中的测量值，在每个 DP 循环周期内被同时读取到主站 CPU 内。点击"Alignment"按钮，点击"OK"按钮，如图 4-73 所示。

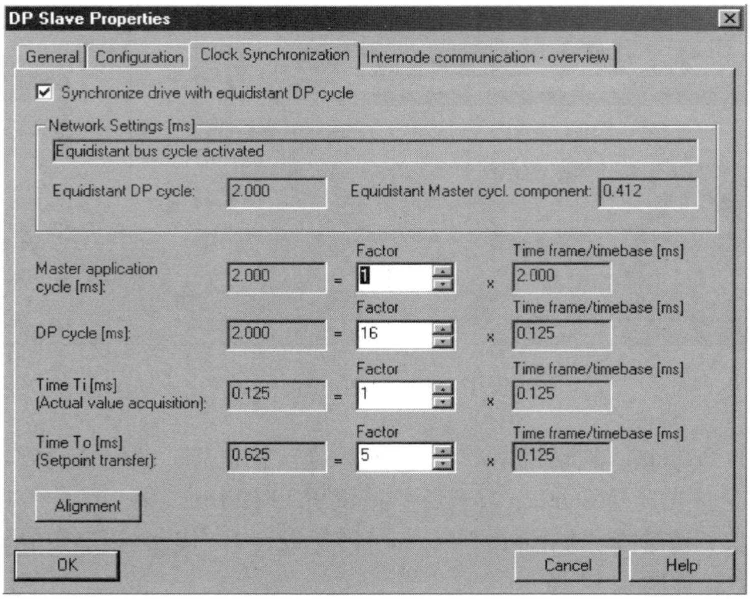

图 4-73　设置时钟同步

在 HW Config 窗口中，点击菜单 Station，选中 Save and Compile 选项或 Station 菜单中的"Consistency Check"菜单项。

完成以上步骤后，选择 PLC 菜单中的 Download ，将硬件组态下载到 317T-2DP CPU 中，如图 4-74 所示。下载完毕后，MPI 口的传输速率改变为 12Mbps。

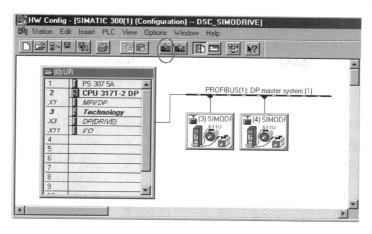

图 4-74  下载硬件组态

在 HW Config 窗口中，点击第三槽的 Technology，右键选中 "Object Properties"，系统自动弹出 Technology 属性对话框，如图 4-75 所示；选中 "Technology system data" 标签，激活 "Generate technology system data" 功能，如图 4-76 所示。点击 "OK" 按钮后，执行存盘和编译命令。然后重新将组态下载到 CPU 中。

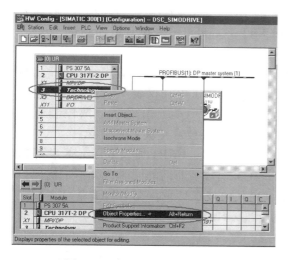

图 4-75  打开 Technology 属性

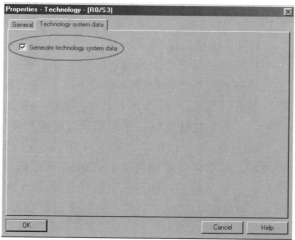

图 4-76  激活 "Generate technology
system data" 功能

## 4.7  其他类型的现场总线

### 4.7.1  基金会现场总线简介

基金会现场总线 FF（Foundation Fieldbus）是目前非常具发展前景，很具竞争力的现场总线之一。它的前身是以 Fisher-Rosemount 公司为首，联合 80 家公司制定的 ISP 协议和以 Honeywell 公司为首，联合欧洲 150 家公司制定的 World FIP 协议。两大集团于 1994 年合并，成立现场基金会，致力于开发统一的现场总线标准。FF 目前拥有 120 多个成员，包括世界上最主要的自动化设备供应商：AB、ABB、Foxbro、Honeywell、Smar、FUJI Electric 等。FF 的通信模型以 ISO/OSI 开放系统模型为基础，采用了物理层、数据链路层、应用层，并在其上增加了用户层，各厂家的产品在用户层的基础上实现。FF 总线采用的是令牌总线通信方式，可分为周期通信和非周期通信。FF 目前有高速和低速两种通信速率，其中低速总线协议 H1 已于 1996 年发表，现在已应用于工作现场。高速协议原定为 H2 协议，但目前 H2 很有可能胎死腹中，以太网将取而代之。H1 的传输速率为 31.25kbit/s，传输距离可达 1900m，可采用中继器延长传输距离，并可支持总线供电，支持本质安全防爆环境；H2 的传输速率分为 1Mbit/s 和 2.5Mbit/s 两种，其通信距离分别为 750m 和 500m。目前民用以太网的通信速率为 1000Mbit/s，工业以太网还是以 100Mbit/s 为主流速率。FF 可采用总线型、树形、菊花链等网络拓扑，网络中的设备数量取决于总线带宽、通信段数、供电能力和通信介质的规格等因素。FF 支持双绞线、同轴电缆、光缆和无线发射等传输介质，物理传输协议符合 IEC 1158-2 标准，编码采用曼彻斯特编码。FF 总线拥有非常出色的互操作性，这在于 FF 采用了功能模块和设备描述语言 DDL，使得现场节点之间能准确、可靠地实现信息互通。目前 FF 有 29 个功能块，其中包括 10 个基本功能块和 19 个先进功能块。用户还可以开发自己的功能块，这些功能块之间通过标准的 DDL 实现互操作。FF 的开发工具为 AT 2400 DD Tokeniger Kit 和 AT 2401 DD Serices Kit。Fraunhofer 实验室担任测试。

**1. FF 现场总线**

从过程测量和控制的发展历史来看，每一次大的变革往往与信号传输方式的改变密切相关。早期的气动信号发展到 4～20mA 为主的模拟信号，产生了电动仪表及组装仪表。这以后，随着计算机、通信等技术的发展，在 20 世纪 70 年代中期，出现了分散控制系统（DCS），真正把计算机技术运用到过程控制领域，实现了自控技术一次大的跨越。

20 世纪 80 年代初期，基于 HART 协议的智能化仪表问世，HART 协议采用 FSK 移频键控技术，其数字信号调制到 4～20mA 模拟信号上，在实现数字通信的同时，又不干扰模拟信号的传输。由于其独特的设备描述语言（DDL）和其他技术特色，在 HART 基金会成立以后，HART 协议成了事实上的混合型数字通信的标准，HART 智能仪表得到了广泛的接受和应用。

在智能仪表出现以后，人们对数字通信技术在自控领域的应用，产生了极大的兴趣。这是因为智能仪表与传统仪表相比，增加了设备数据库、自诊断、故障预测等功能，使得仪表的面貌焕然一新。但形成一种能针对过程控制的特点，技术上先进，同时又能被各大仪表和控制厂商以及用户广泛接受的数字通信的标准，是一个极其复杂的过程。

FF 现场总线是一种全数字、串行、双向通信协议，用于现场设备如变送器、控制阀和控制器等的互联。现场总线是存在于过程控制仪表间的一个局域网（LAN），以实现网内过程控制的分散化。

FF 现场总线最根本的特点是专门针对工业过程自动化而开发的，在满足要求苛刻的使用环境、本质安全、危险场合、多变过程以及总线供电等方面，都有完善的措施。由于采用了标准功能块及 DDL 设备描述技术，确保不同厂家的产品有很好的可互操作性和互换性。概括地说，在自动化产品从设计、安装、运行到维护的完整生命周期内，FF 现场总线都能给用户带来多方面的效益。

**2. FF 现场总线的模型及技术概貌**

FF 现场总线符合 ISO（国际标准化组织）定义的 OSI（开放系统互联）的模型。它主要包括 3 部分：物理层（Physical Layer）、通信"栈"（Stack）和用户应用层（User Layer）。

物理层对应 OSI 的第 1 层，它从通信栈接受报文，并将其转换成在现场总线通信介质上传输的物理信号，反之亦然。通信栈对应 OSI 的第 2 层和第 7 层。第 7 层，即应用层（AL），对用户层命令进行编码和解码。第 2 层，即数据链路层（Data Link Layer，DLL），控制通过第 1 层的信息传输。DLL 还通过确定的集中总线调度器，即所谓的链路活动调度器（Link Active Scheduler，LAS）来管理对现场总线的访问。LAS 用来调度确定信息的传输和控制设备之间的数据交换。FF 现场总线没有使用 OSI 的第 3、5 和 6 层。用户层不由 OSI 模型定义，而是由 FF 定义。在 OSI 模型中未定义用户程序。现场总线基金会已规定了用户程序模型，并在现场总线设备及设计用于现场总线设备的 AMS 与 Delta VPERFORMA—NCE 应用软件的开发研制之中加以使用。当信息在现场总线中传送时，其各部分均由通信系统中的各层承担。

FF 现场总线的结构提供了稳定的同步控制，并支持数据的非同步通信。后者用于诊断、生成报告、维护和故障查找。维护任务可在线进行，并不干扰同步通信。

FF 数据链接能力提供一种增强了的对控制访问方法，以及对所有现代数据模型的服务，包括客户/服务器（Client/Server）、发布/接收（Publisher/Subscriber）和报告分发器（ReportDis- teibutor）。通过扩展寻址和安全数据传输的桥接，FF 同时支持多段网络。此外，FF 还提供了更准确的时间分配和多段系统的同步化，在线设备监测和组态，以及在线调度的修改和建立。

## 4.7.2　LonWorks 简介

**1. LonWorks 技术简介**

LonWorks 是美国埃施朗公司（Echelon）于 1992 年推出的现场总线网络，最初主要用于楼宇自动化，但很快发展到工业现场控制网。LonWorks 得名于英文 Local Operating NetWorks 的缩写。

自 20 世纪 80 年代后期开始，埃施朗公司即着手开发 LonWorks 技术平台，为了支持它成为现场总线的通用标准，埃施朗公司公布了有关的技术资料，并由此获得了极大发展。截止到 2014 年，全世界安装的 LonWorks 节点已达到 830 万个，已有 3000 多家公司致力于 LonWorks 控制网络产品和解决方案，涉及到包括建筑、家庭、工业、通信和交通等在内的多个行业。LonWorks 技术逐步成为完全分布式的、开放的、可互操作的网络控制系统的一个通用技术平台。

LonWorks 网络的技术核心是 LonTalk 协议，开放式通信协议 LonTalk 为设备之间交换控制状态信息建立了一个通用的标准。这样，在 LonTalk 协议的协调下，以往那些孤立的系统和产品融为一体，形成一个网络控制系统。LonTalk 协议最大的特点是对 OSI 的 7 层协议的支持，是直接面向对象的网络协议，这是以往的现场总线所不支持的。具体实现就采用网络变量这一形式。网络变量使节点之间的数据传递只是通过各个网络变量的互相连接便可完成。

为了便于广大用户经济高效地使用 LonTalk 协议，埃施朗公司将 LonTalk 协议固化在了神经元芯片（neuron chip）中。神经元芯片是 LonWorks 技术的基础，它不仅是总线通信处理器，同时也可作为采集和控制的通用处理器，LonWorks 技术中所有关于网络的操作实际上都是通过它来完成的。

神经元芯片是 LonWorks 技术的关键。由于这种 LonTalk 协议硬件芯片的支持，满足了现场通信的实时性、接口的直观性和简洁性的现场总线应用要求。用户可以采用神经元芯片简易快速地开发出各种面向应用的中小型 LonWorks 节点装置（对于大型 LonWorks 节点装置，如神经元芯片不能胜任，亦可采用其他方法执行 LonTalk 协议，如 CPU 处理器）。控制系统和装置的制造商能通过在产品中应用神经元芯片来缩短开发和设计的时间，实现低成本的开发和保证不同制造商的装置之间高度的互操作性。

埃施朗公司设计了最初的神经元，但是神经元的派生产品现在通常都由埃施朗的合作伙伴设计和制造。Cypress 半导体公司、摩托罗拉、东芝等都是神经元芯片的生产供应商。众多供应商为神经元芯片造成一个竞争环境，有助于使价格下降。目前某些种类神经元芯片的价格已经低于 3 美元。

由于在许多产业中互可操作产品有发展的巨大机遇，1994 年，由埃施朗致力于建造互可操作产品的 LonWorks 用户集团成立了 LonMark 互可操作协会。互可操作性意味着来自同一个或不同的制造商的多个装置能集成在单一的控制网中，而无需定制节点或定制编程。LonMark 协会致力于发展互可操作性标准，认证符合标准的产品，发扬互可操作系统的优点。按照 LonMark 规范设计的 LonWorks 产品，均可非常容易地集成在一起，用户不必为网络日后的维护和扩展费用担心。

LonMark 标志提供高层次的互可操作性保证。只有经过 LonMark 协会认证的 LonWorks 产品（称之为 LonMark 装置）才能携带 LonMark 商标标志。LonMark 协会向所有感兴趣的公司开放，并给予制造商、系统集成者和终端用户不同的权利和义务。有关会员、当前活动和已公布的标准等的全面信息可从协会的网址（WWW. LonMark. ORG）上取得。

**2. LonWorks 的技术特点**

LonWorks 技术为设计和实现可互操作的控制网络提供了一套完整、开放、成品化的解决途径。有关的技术细节是由协议、网络操作系统或网络工具自动处理的。装置通信的低层细节的自动处理事实上是现场总线技术的一个优点。

归纳起来，LonWorks 主要具有如下技术特点：

（1）拥有 3 个处理单元的神经元芯片（Neuron 芯片）　3 个处理单元中，一个用于链路层的控制，一个用于网络层的控制，另一个用于用户的应用程序，还包含 11 个 I/O 接口，这样，在一个神经元芯片上就能完成网络通信和控制的功能。

神经元芯片不仅具备了通信与控制功能，同时固化了 ISO/OSI 的全部 7 层通信协议以及 34 种常见的 FO 控制对象。

（2）支持多种通信介质和它们的互连　通过提供相互兼容的不同介质（如：双绞线、电力线、电源线、光纤、无线、红外等）收发器，LonWorks 可以采用多种通信介质并实现它们的互连。

特别是电力线收发器的使用，将通信数据调制成载波信号或扩频信号，然后通过耦合器耦合到 220V 或其他交直流电力线上，甚至是耦合到没有电力的双绞线上。电力线收发器提供了一种简单、有效的方法将神经元节点加入到电力线中，这样就可以利用已有的电力线进行数据通信，大大减少了通信中繁琐的布线。这也是 LonWorks 技术在楼宇自动化中得到广泛应用的重要原因。

（3）带预测 P 的 CSMA　现场总线中一般采用令牌传递总线访问方式（TOKEN BUS），既可达到通信快速的目的，又可以有较高的性价比。对于多路访问冲突检测（CSMA/CD）方法，虽然通信管理上较为简单，但并不能完全避免碰撞现象，实现冲突检测比较复杂。此外，线路中的常态干扰与差错往往和碰撞难以区别，因此对现场总线控制系统实时性要求较高的场合，并不十分适合。所以大部分总线控制系统均为令牌传递访问。只有 LonTalk 采用改进型的，即带预测 P 的 CSMA 访问方式。当一个节点需要发送信息时，先带预测 P 测一下网络是否空闲，有空闲则发送，没有空闲则暂时不发，这样就避免了碰撞，减少了网络碰撞率，提高了重载时的效率。并采用了紧急优先机制，以提高它的实时性与可靠性。

（4）网络变量（NV）　由于每一个神经元芯片在出厂时都已经固化了一个 48 位的全球唯一的 ID 号码，网络通信采用了面向对象的设计方法，LonWorks 技术将其称之为"网络变量"。使网络节点之间通信的设计简化成为参数设置（如规定某 ID 节点输入，而某 ID 节点输出即可）。这样，不仅节省了大量的设计工作量，同时增加了通信的可靠性，很容易实现网络的互操作。

（5）提供给使用者一个完整的开发平台　这包含现场调试工具 LonBuilder、协议分析、网络开发语言 NeuronC 等。

（6）LonWorks 技术的其他参数　通信的每帧有效字节数可以为 0 ~ 228B；通信速度可达 1.25Mbit/s（此时有效距离为 130m）；测控网络上的节点数可以达到 32000 个；直接通信距离可以达到 2700m（双绞线，78kbit/s）。

**3. 在楼宇自动化中的应用**

随着科技的发展、社会的进步，许多高级建筑物（例如党政机关、企事业单位办公楼、高级宾馆、高级写字间等）内包含的楼宇自控设备和不同功能的子系统越来越多，越来越复杂。同时，建筑物业主希望整个系统具有更高的性能、更高的效率和相对低的维护扩展费用。但由于不同厂商提供了不同功能的产品和子系统，采用了不同的通信协议，因此将造成各子系统有不同的通信速率、不同的编码格式和不同的通信规则，致使各子系统间实现互操作和系统互联将很困难，实现智能建筑的系统一体化集成更就无从谈起。如果各子系统独立运行，不仅不能对整个系统进行统一的协调和管理，而且会有较高的运行和维护费用，将来扩展起来也不方便。现在，建筑物业主和管理者迫切需要一种开放的、可互操作的控制技术。通过这种技术，建筑物内的各种自控设备都可方便地集成在一起，实现各个子系统和各个设备间的自由通信，以求取得最佳的经济利益。

由于以上原因，目前使用的传统楼宇自控系统已不能满足市场和用户的需求。归纳起来，有以下几个方面：

1）传统的楼宇自控系统就其本身而言是一种封闭的系统，主要表现在其通信协议上。不同厂商的产品采用不同的通信协议，互不兼容。如要实现封闭系统的一体化集成，就要在不同通信协议的系统间用网关（Gateway）把它们连接起来，将会产生大量的软件编制工作。这样实现的系统不仅性能差，而且费用很高，不是理想的解决方案。

2）由于系统封闭，不同子系统间无法共享相同意义的信息。不同功能的子系统可能要配置相同的器件，造成极大的资源浪费。

3）由于系统是封闭的，从业主选择了产品后系统的设计、供货、调试，到以后的维护、扩展、升级都只能由厂商来完成，业主毫无自由度可言，只能被动接受，最初的投资不能得到有效的保护。

4）随着计算机技术和网络技术的迅猛发展，封闭的系统限制了建筑物智能化产品的更新换代，只有开放的系统才能为用户提供真正的低成本产品。

现在，建筑物业主和管理者正在寻找一种建筑物控制系统。这种控制系统是一个开放的、可互操作的控制系统，它可以把来自多家厂商的暖通空调、照明、消防、安保、门禁、给排水和电梯等设备一体化地集成在这个控制系统中（如图4-77所示）。就像在计算机市场上PC带来的浪潮一样，开放的、可互操作的控制系统的使用，可以为用户在系统的整个生命周期内降低系统安装费用，提高性能，节约运行费用。另外，在一个控制系统中多厂商产品的一体化集成需要采用一个统一的通信协议。通过使用相同的通信协议，昂贵的用户硬件、软件和网关等设备可以被取消。

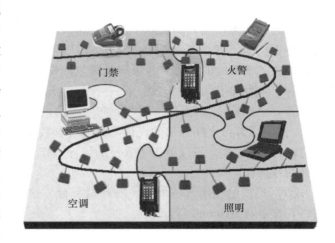

图4-77 用 LonWorks 实现建筑智能控制

目前，作为开放式智能建筑控制系统的一种完整的解决方案，LonWorks 技术已经使上述目标成为现实。

LonWorks 控制网的复杂程度不一，从机器内装的小型网络到包含几千个节点的楼宇自动化大型网络。在楼宇控制产业中，充分利用 LonWorks 技术意味着对所有楼宇系统采用共用的基础结构。这使得设计人员能消除过多的竖向集成，它常常是竖向孤立的原因。

# 本 章 小 结

现场总线控制系统的出现代表了工业自动化领域中一个新纪元的开始，将导致自动化系统结构与设备的一场变革，促成工业自动化产品的又一次更新换代，必将对工业自动化领域的发展产生极其深远的影响。本章主要介绍了以 PROFIBUS 为代表的现场总线网络，包含以下内容：

1）现场总线技术的发展历程及特点。

2）PROFIBUS 现场总线技术简介：PROFIBUS 是一种国际化、开放式、不依赖于设备生产商的现场总线标准。广泛适用于制造业自动化、流程工业自动化和楼宇、交通电力等其他领域自动化。

3）以 S7 系列控制器为基础，举例说明了 PROFIBUS 现场总线的具体应用。其中包含了集成 DP 口之间的主从通信；CP342-5 模块的 PROFIBUS 通信应用；S7 设备与非西门子的第三方设备之间的通信；WinCC 与传动设备之间的 PROFIBUS 通信；PROFIBUS 数据链路层（FDL）的通信等几种通信方式。

4）简介了 PROFIBUS 之外的基金会现场总线及 LonWorks 现场总线。

## 思 考 与 练 习

1. PROFIBUS 现场总线有何特点？

2. 使用集成的 PROFIBUS-DP 接口的 S7-300 PLC 建立一个主从通信网络，要求通过主站对从站所控制的电动机进行远程控制。

3. 同上题，将通信设备改为 CP 342-5 模块。

4. 同上题，将主站改为 S7-300，从站改为 S7-200。

5. 基金会现场总线及 LonWorks 各有何特点？

# 第5章 工业以太网及其应用

## 5.1 工业以太网概述

20世纪80年代产生和发展起来的现场总线技术使得工业企业的管理控制一体化成为可能。由于以太网的广泛应用，许多工业厂商开始将传统的现场总线架构在以太网上。基于IEEE802.3标准，工业以太网提供了针对制造业控制网络的数据传输以太网标准。将以太网高速传输技术引入到工业控制领域，使企业内部互联网（Intranet）、外部互联网（Extranet）和国际互联网（Internet）提供的技术和广泛应用进入生产和过程自动化。这种应用推动了自动化技术与互联网技术的结合，是未来制造业电子商务的网络技术雏形，也是自动化技术的发展趋势。

以太网+TCP/IP作为办公网、商务网在IT行业中独霸天下，其技术特点主要适合信息管理、信息处理系统。但为什么2005年以来会逐步向自动化行业发展，形成与现场总线技术竞争的局面。回顾2005年以来自动化技术的发展，可以了解到其中的原委。

1）自动化技术从单机控制发展到工厂自动化FA，发展到系统自动化。

近年来，自动化技术发展使人们认识到，单纯提高生产设备单机自动化水平，并不一定能给整个企业带来好的效益；因此，企业给自动化技术提出的进一步要求是将整个工厂作为一个系统实现其自动化，目标是实现企业的最佳经济效益。因此，有了现代制造自动化模型，自动化技术由单机自动化发展到系统自动化。

自动化技术从单机控制向工厂自动化FA、系统自动化方向发展。制造业对自动化技术提出了数字化通信及信息集成的技术的要求，即要求应用数字通信技术实现工厂信息纵向的透明通信。

2）工厂底层设备状态及生产信息集成、车间底层数字通信网络是信息集成系统的基础。

为满足工厂上层管理对底层设备信息的要求，工厂车间底层设备状态及生产信息集成是实现全厂FA/CIMS的基础。工厂自动化信息网络分层结构：工厂管理级、车间监控级、现场设备级。

3）以太网在自动化领域的应用现状。

目前，以太网工业在自动化领域已有不少成功应用实例，主要集中在以下几个方面。

车间级生产信息集成：主要由专用生产设备、专用测试设备、条码器、PC及以太网络设备组成，主要功能是完成车间级生产信息及产品质量信息的管理。管理层信息网络：即支撑工厂管理层MIS系统的计算机网络，主要完成如ERP的信息系统。SCADA系统：特别是一些区域广泛、含有计算机广域网技术、无线通信技术的SCADA系统，如城市供水或污水管网的SCADA系统、水利水文信息监测SCADA系统等。个别的控制系统网络：个别要求高可靠性和一定实时性的分布式控制系统也有采用以太网 + TCP/IP 技术，并获得很好的效果的，如水电厂的计算机监控系统。

　　工业以太网可用的传输介质有 TP（Twisted Pair，屏蔽双绞线）、ITP（Industrial Twisted Pair，工业屏蔽双绞线）、同轴电缆和光纤等。标准 RJ-45 和 Sub-D 接头均可以用于连接。一个 DTE（Data Terminal Equipment，数据终端设备）直接连接到网络元件端口，而该设备负责将信号放大和转发。在 SIMATIC NET 工业以太网中，这些网络连接元件有 OLM（Optical Link Module，光学链接模块）、ELM（Electric Link Module，电气链接模块）、OSM（Optical Switch Module，光学交换机模板）和 ESM（Electric Switch Module，电气交换机模板）。DTE 与连接元件之间通过 TP 或 ITP 电缆连接，最远距离可达到 100m。

　　通常选择的是 ITP 加 ELM 的连接方式。标准的 ITP 电缆为 $100\Omega$ 的屏蔽双绞线，它有白/蓝和白/橙两对双绞线。外部包有屏蔽层和绝缘层，用于连接有 ITP 端口的以太网设备（CP343-1 和 CP1613 都同时具有 Sub-D、RJ-45 两种接口）。通过 ITP 电缆连接的两个设备的最远距离为 100m。

## 5.2　S7-300 的以太网应用

　　在西门子的网络体系中，S7 系列 PLC 可以通过 CP 343-1/CP 343-1 IT（用于 S7-300）、CP443-1/CP443-1 IT（用于 S7-400）来实现工业以太网的连接；工业计算机可以通过专用通信卡 CP 1613 实现工业以太网的连接。在本节当中，以 S7-300 之间的工业以太网连接实例来进行说明。

　　首先搭建一套测试设备，设备的结构如图 5-1 所示。

　　两套 S7-300 系统由 PS 307 电源、CPU 314C-2DP、CPU 314C-2PTP、CP 343-1、CP 343-1 IT、PC、CP 5611、STEP 7 组成，PLC 系统概貌如图 5-1 所示。

　　实现两套 S7-300 之间的以太网通信的操作步骤如下。

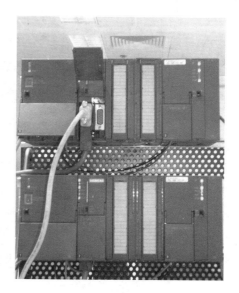

图 5-1　PLC 系统概貌

　　1）打开"SIMATIC Manager"，根据系统的硬件组成，进行系统的硬件组态，如图 5-2 所示。插入 2 个 S7-300 的站，进行硬件组态。

　　2）分别组态 2 个系统的硬件模块，如图 5-3、图 5-4 所示。

　　3）设置 CP 343-1、CP 343-IT 模块的参数，建立一个新的以太网，如图 5-5 所示。MPI、IP 地址设置如图 5-6、图 5-7、图 5-8 所示。

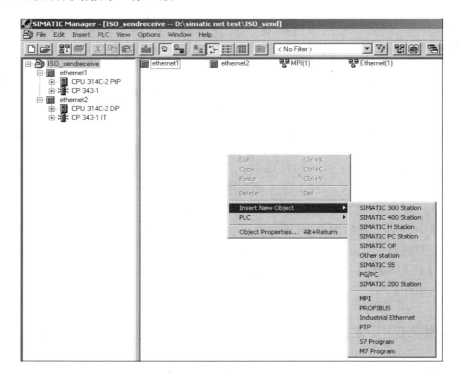

图 5-2 插入 PLC 站

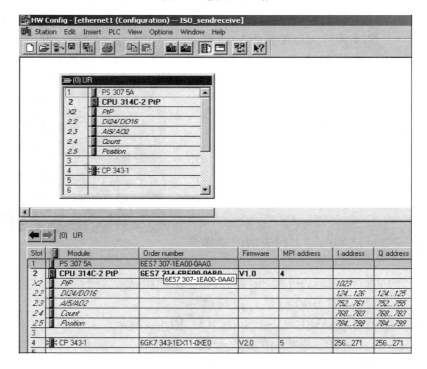

图 5-3 1 号站的硬件组态

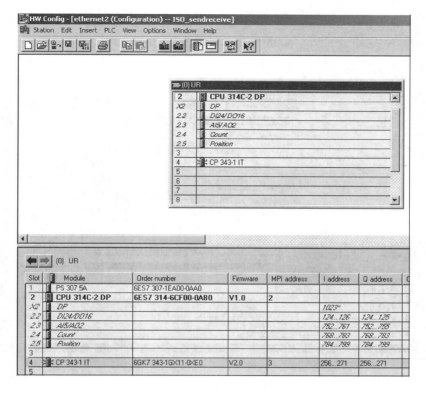

图 5-4　2 号站的硬件组态

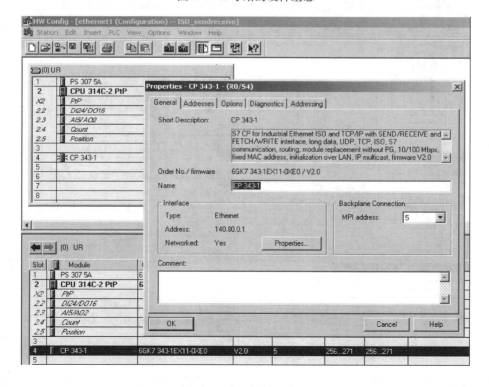

图 5-5　建立新的以太网

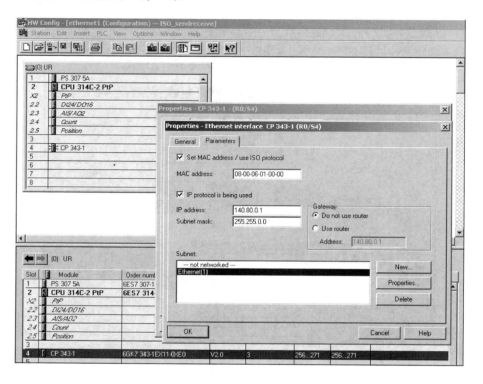

图 5-6 设置 1 号站的 IP 地址

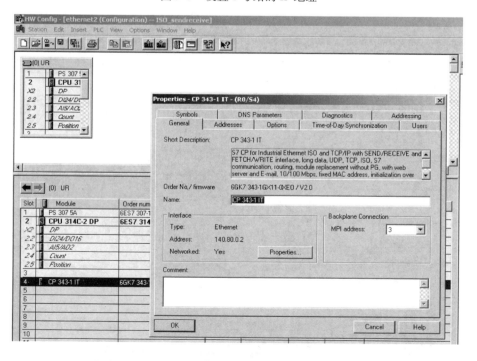

图 5-7 为 2 号站选择刚才建立的以太网

4）组态完两套系统的硬件模块后，分别进行下载。然后单击"Network Configration"

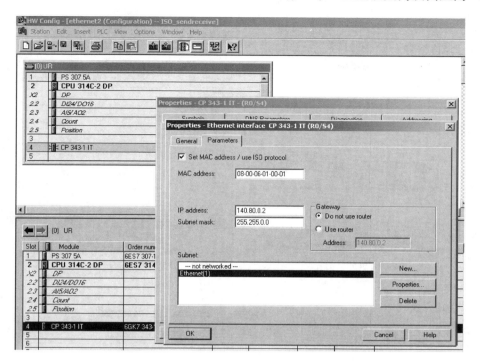

图 5-8 设置 2 号站的 IP 地址

按钮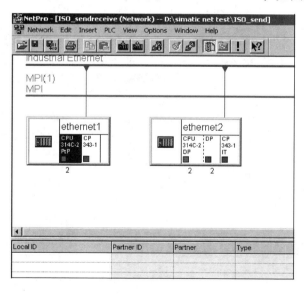，打开系统的网络组态窗口 NetPro，选中 "CPU 314C-2"，如图 5-9 所示。

图 5-9 在 NetPro 中选中 1 号站

5）右击窗口的左下部分，单击鼠标右键，插入一个新的网络链接，并设定链接类型为 "ISO-on-TCP connection" 或 "TCP connection" 或 "UDP connection" 或 "ISO Transport connection" 均可，如图 5-10 所示。

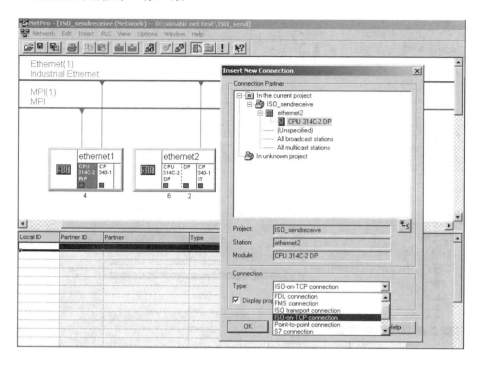

图 5-10　建立适当的以太网连接

6）单击"OK"按钮后，弹出链接属性窗口，使用该窗口的默认值，并根据该对话框右侧信息进行后面程序的块参数设定，如图 5-11、图 5-12 所示。

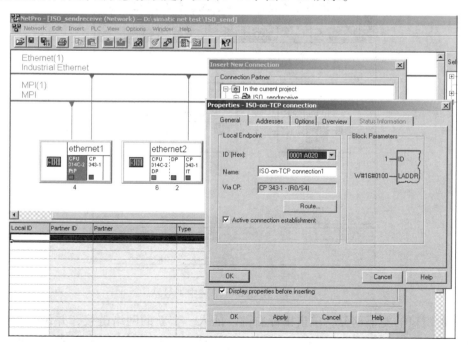

图 5-11　编程时会用到的相关参数

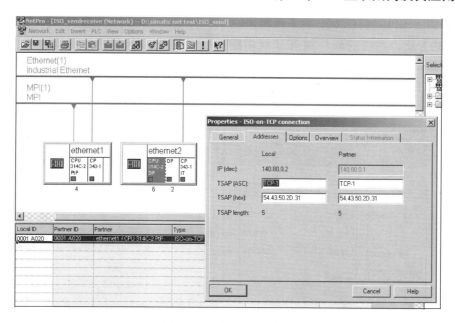

图 5-12 设置 TSAP 参数

7）当两套系统之间的链接建立完成后，单击图标中的 CPU，分别进行下载，如图 5-13

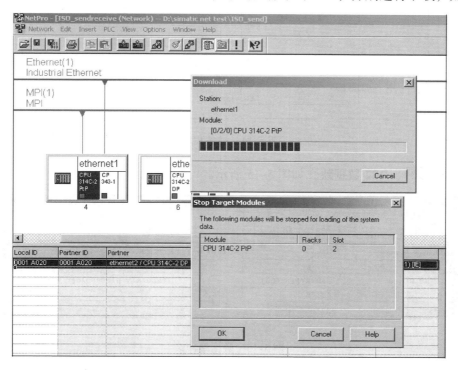

图 5-13 下载硬件组态

所示。这里略去 CPU 314C-2DP 的下载图示。

8）到此为止，系统的硬件组态和网络配置已经完成。下面进行系统的软件编制，在 "SIMATIC Manager" 界面中，分别在 CPU 314C-2PTP、CPU 314C-2DP 中插入 OB 35 定时中断程序块和数据块 DB1、DB2，并在两个 OB35 中调用 FC5（AG_ SEND）和 FC6（AG_ RECV）程序块，如图 5-14 所示。

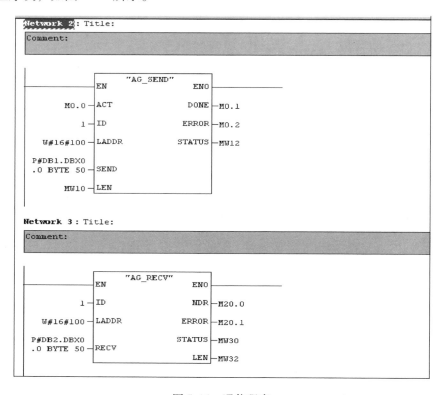

图 5-14 通信程序

9）创建 DB1、DB2 数据块，如图 5-15 所示。

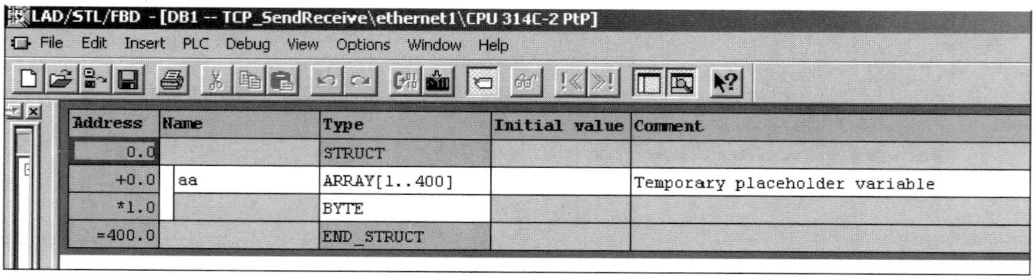

图 5-15 数据缓冲区

10）两套控制程序已经编制完成，分别下载到 CPU 当中，将 CPU 状态切换至运行状态，即可以实现 S7-300 之间的以太网通信了。

图 5-16 所示界面为将 CPU 314C-2DP 的 DB1 中的数据发送到 CPU 314C-2PTP 的 DB2

中的监视界面：

① 选择“Data View”，切换到数据监视状态，如图 5-16 所示。

LAD/STL/FBD - [DB1 -- ISO_sendreceive\ethernet2\CPU 314C-2 DP
File Edit Insert PLC Debug View Options Window Help
Address
Name
0.0
+0.0
aa
*1.0
=100.0
Overviews Ctrl+K
Details
PLC Register
LAD Ctrl+1
STL Ctrl+2
FBD Ctrl+3
Data View Ctrl+F4
Declaration View Ctrl+5
Display with
Zoom In Ctrl+Num+
Minimize Ctrl+Num-
Zoom Factor...
Toolbar
Breakpoint Bar
Status Bar
Column Width...
Display Columns... F11
Update View F5

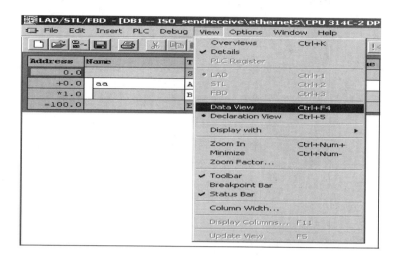

图 5-16　切换到数据监视状态

② CPU 314C-2DP 的 DB1 中发送出去的数据，如图 5-17 所示。

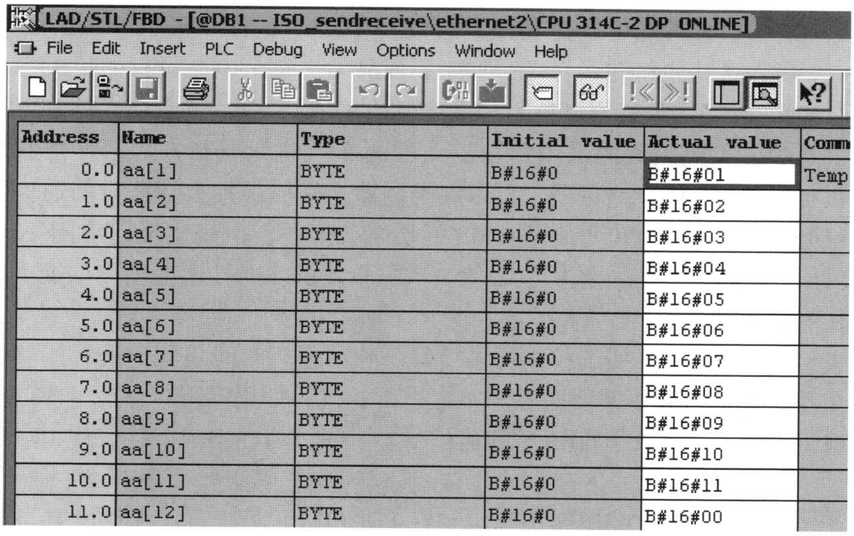

LAD/STL/FBD - [@DB1 -- ISO_sendreceive\ethernet2\CPU 314C-2 DP ONLINE]
File Edit Insert PLC Debug View Options Window Help
Address
Name
Type
Initial value
Actual value
Comm
0.0 aa[1] BYTE B#16#0 B#16#01 Temp
1.0 aa[2] BYTE B#16#0 B#16#02
2.0 aa[3] BYTE B#16#0 B#16#03
3.0 aa[4] BYTE B#16#0 B#16#04
4.0 aa[5] BYTE B#16#0 B#16#05
5.0 aa[6] BYTE B#16#0 B#16#06
6.0 aa[7] BYTE B#16#0 B#16#07
7.0 aa[8] BYTE B#16#0 B#16#08
8.0 aa[9] BYTE B#16#0 B#16#09
9.0 aa[10] BYTE B#16#0 B#16#10
10.0 aa[11] BYTE B#16#0 B#16#11
11.0 aa[12] BYTE B#16#0 B#16#00

图 5-17　发送的数据

③ 图 5-18 所示为 CPU 314C-2PTP 的 DB2 中接收到的数据。

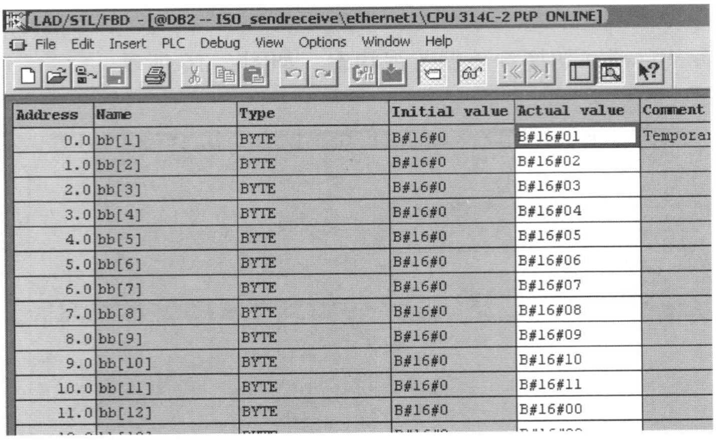

图 5-18　接收到的数据

## 5.3　PROFINET-IO 与 CBA

**1. 新一代的自动化总线标准——PROFINET**

（1）目前现场总线存在的问题　现场总线控制系统发展至今，虽然已经渗透到了工业生产的各个角落，但是不可避免地存在一些问题。下面以西门子公司的工业网络为例进行分析。

西门子公司于 1996 年提出了全集成自动化（Totally Integrated Automation，TIA）的概念。TIA 是一个覆盖了从原料储运、生产加工到成品发送整个生产过程的集成平台。全集成自动化以 SIMATIC NET 作为其网络核心，在 SIMATIC NET 中，工业以太网和 PROFIBUS 是主要的成员。其中，工业以太网采用普通以太网的介质访问控制方式，符合 IEEE802.3 国际标准，可以提供 100M 的网络带宽，可以在控制器之间提供较大数据量的通信服务。目前工业以太网已经基本替代了 PROFIBUS-FMS 的功能。但是，由于工业以太网采用了 CSMA/CD（载波监听/冲突检测）的控制协议，使其数据传输的实时性不能得到保证。因此在现场控制中的使用有较大的局限性。

PROFIBUS 采用了令牌总线的控制协议，其令牌的循环时间是固定的，能够保证一定的实时性。但由于在通信过程中需要对各个站点进行轮询，如果网络中站点过多同样会影响数据通信的实时性，同时由于 PROFIBUS 的通信带宽较窄（不大于 12M），使 PROFIBUS 的使用同样受限。

正是由于上述原因，PROFIBUS 国际组织在 PROFIBUS 和工业以太网的基础上推出了新的网络标准——PROFINET。

（2）PROFINET　PROFINET 是由 PROFIBUS 国际组织推出的新一代基于工业以太网技术的自动化总线标准。作为一项战略性的技术创新，PROFINET 为自动化通信领域提供了一套完整的网络解决方案，囊括了诸如实时以太网、运动控制、分布式自动化、故障安全以及网络安全等当前自动化领域的热点话题。同时，作为跨供应商的技术，可以完全兼容工业以太网和现有的现场总线技术，保护现有投资。

（3）PROFINET 的实时性　为了保证通信的实时性，根据响应时间不同，PROFINET 支持以下的通信方式。

1）TCP/IP 标准通信：PROFINET 基于工业以太网技术，使用 TCP/IP 和 IT 标准。TCP/IP 是 IT 领域关于通信协议方面事实上的标准，尽管其响应时间大概在 100ms 的量级，不过对于工厂级控制的应用来说，这个响应时间足够了。

2）实时（RT）通信：对于传感器和执行设备之间的数据交换，系统对响应时间的要求更为严格，大概需要 5~10ms 的响应时间。目前可以使用现场总线技术达到这个响应时间，如 PROFIBUS-DP。

对于基于 TCP/IP 的工业以太网技术来说，使用标准通信栈来处理过程数据包，需要很长的时间。因此，PROFINET 提供了一个优化的、基于以太网第二层（Layer 2）的实时通信通道。通过该实时通道，极大地减少了数据在通信栈中的处理时间。因此，PROFINET 获得了等同甚至超过现场总线系统的实时性能。

3）等时同步实时（IRT）通信：在现场级通信中，对通信实时性要求最高的是运动控制（Motion Control）。伺服运动控制对通信网络提出了极高的要求，在 100 个节点以下，其响应时间要小于 1ms，抖动误差要小于 1μs，以此来保证及时、准确的响应。

PROFINET 使用等时同步实时（Isochronous Real-Time，IRT）技术来满足如此苛刻的响应时间。为了保证高质量的等时通信，所有网络节点必须很好地实现同步。这样才能保证数据在精确相等的时间间隔内被传输，网络上所有站点必须通过精确的时钟同步以实现等时同步实时。通过规律的同步数据，其通信循环同步的精度可以达到微秒（μs）级。该同步过程可以精确地记录其所控制的系统所有时间参数，因此能够在每个循环的开始实现非常精确的时间同步。这么高的同步水平，单纯靠软件是无法实现的，想要获得这么高精度的实时性能，必须依靠网络第 2 层中硬件的支持，即西门子 IRT 同步实时 ASIC 芯片。PROFINET 数据访问 OSI/ISO 参考模型如图 5-19 所示。

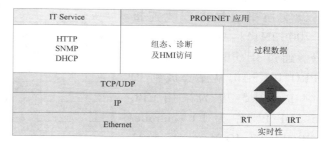

图 5-19　PROFINET 数据访问 OSI/ISO 参考模型

（4）PROFINET 的主要应用　PROFINET 主要有如下两种应用方式。

1）PROFINET-IO：适合模块化分布式的应用，与 PROFIBUS-DP 方式相似，在 PROFIBUS-DP 应用中分为主站和从站，在 PROFINET-IO 应用中有 IO 控制器和 IO 设备。

2）PROFINET-CBA：适合分布式智能站点之间通信的应用 CBA（Component Based Automation，基于组件的自动化）。把大的控制系统分成不同功能、分布式、智能的小控制系统，使用组件自动化（COM/COM++）技术生成功能组件，利用 IMAP 工具软件，连接各个组件之间组成通信。

**2. 基于 PROFINET-IO 的自动化解决方案**

PROFINET-IO 与 PROFIBUS-DP 的结构形式相似，在 STEP 7（V5.3 SP1 以上支持）中组态，利用 IO 控制器控制 IO 设备。表 5-1 列出了 PROFINET 与 PROFIBUS-DP 术语的比较。

表5-1　PROFINET 与 PROFIBUS-DP 的比较

| 序号 | PROFINET | PROFIBUS | 解　释 |
|---|---|---|---|
| 1 | IO system | DP master system | |
| 2 | IO controller | DP master | |
| 3 | IO supervisor | PG/PC 2 类主站 | 调试与诊断 |
| 4 | 工业以太网 | Profibus | 网络结构 |
| 5 | HMI | HMI | 监控与操作 |
| 6 | IO device | DP slave | 分布的现场设备分配到 IO controller/DP master |

组态 PROFINET-IO 系统的过程与组态 PROFIBUS-DP 系统的过程相似，目前支持 PROFINET-IO 系统可以作为 IO controller 的控制器有 CPU 315-2DP/PN 和 CPU 317-2DP/PN 两种。PROFINET 所使用的网线和普通快速以太网的超五类双绞线一致，通过 SCALANCE X-208交换机以星形方式连接 ET 200S IM151-3PN 作为 IO device。通过 IE/PB LINK IO 可以将PROFIBUS-DP 从站集成到 IO 系统中。图 5-20 为采用 CPU 315-2DP/PN 作为 IO controller 的 PROFINET-IO 系统，图 5-21 为采用 CPU 317-2DP/PN 作为 IO controller 的 PROFINET-IO 系统。

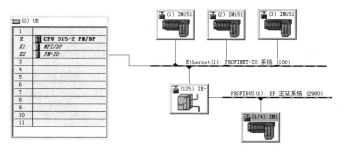

图 5-20　基于 CPU 315-2DP/PN 的 PROFINET-IO 系统组态

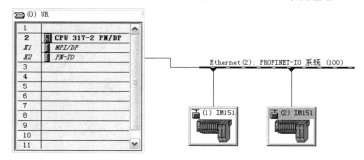

图 5-21　基于 CPU 317-2DP/PN 的 PROFINET-IO 系统组态

### 3. 基于 PROFINET-CBA 的自动化解决方案

现在有许多大型的生产线，由原来的中央集中控制慢慢转变为现在的由多个分布式智能站的控制。这样可以节省大量的电缆敷设工作，同时也节省了安装调试的时间，并且使危险分散。每个分布式智能站控制相对独立，但之间又会有数据交换的联系，这样就会涉及智能站之间的数据通信问题。利用 CBA 方式可以把智能站封装起来并生成一个组件，该组件提供通信接口文件，由工艺人员利用 IMAP 组态工具统一连接相互之间的通信数据。CBA 是基于开放的 PROFINET 标准实现模块化、分布式的自动控制概念，满足分布广阔的只能控制工厂模块化的要求。

（1）PROFINET 组件的设备类型　基于 PROFINET 组件的设备可以分为以下两种。

1）PROFINET 设备，具有 PN 网络接口直接连接到 PROFINET 上的组件。

2）PROFIBUS 设备，有 PROFIBUS- DP 从站生成的组件，该组件利用 PROFINET 网关连接到 PROFINET 上。PROFINET 设备和 PROFIBUS 设备如图 5-22 所示。

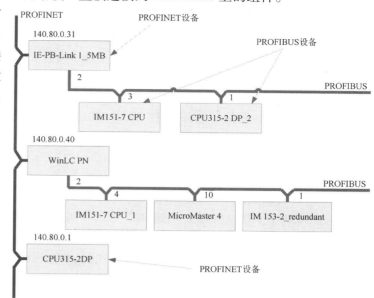

图 5-22　PROFINET 设备与 PROFIBUS 设备

（2）PROFINET 设备　所有的 PROFINET 设备都有一个共同之处：都具有 PROFINET 以太网接口，有的 PROFINET 设备还可以通过代理服务器作为 PROFI-BUS-DP 主站，将 PROFIBUS 和 PROFINET 互联。目前可以作为 PROFINET 设备的 SIMATIC 设备有：

1）WinAC PN（SIMATIC 的软件 PLC，在普通计算机上运行）——带有代理服务器功能，带有 PROFIBUS 接口（通过计算机上的 CP 5611/5613 等实现），可以连接 PROFIBUS- DP 从站、PROFIBUS 设备和一个 HMI。WinAC 的以太网接口可以由计算机的普通以太网卡提供。可以提供 PROFINET 功能的 WinAC 是 WinAC PN 2.0 以上版本，在 WinAC basic 4.0 中有一个 WinAC PN 选件可以提供 PROFINET 连接功能。

2）CPU 31x-2PN/DP，如 S7-300 CPU 317-2PN/DP，带有代理服务器功能，并带有 PROFIBUS 接口可以连接本地的 PROFIBUS- DP 从站、PROFIBUS 设备和一个 HMI。

3）S7-300CPU + CP343-1PN（支持 PROFINET 协议的通信模块），只带有 PROFINET 接口，没有代理服务器功能，CPU 上可以带有 PROFIBUS- DP 接口，只能连接本地从站。如图 5-22 中的 CPU 315-2DP 不能连接 DP 从站组件。

注：本地从站指不生成组件而直接在 STEP 7 中组态的 PROFIBUS-DP 从站，如图 5-22 中 WinLC PN 上连接的 PROFIBUS 从站可以生成在 PROFINET 中可见的组件，而 CPU 315-2DP 上本来连接有 PROFIBUS- DP 从站，但和 CPU 315-2DP 一起生成一个组件，在 PROFI-NET 中也就不可见了。

4）IE/PB Link CBA，PROFIBUS 和 PROFINET 的网关，带有代理服务器功能，可以使 PROFIBUS 设备与 PROFINET 设备建立通信，但是不能连接本地从站，只能连接智能的 PROFIBUS 设备，如带有 CPU 的 ET 200S 从站生成的组件等。

5）独立体组件，设备的数据存储和处理分开，组件的组态信息存放在 S7 生成组件的目录下，而不在 IMAP 生成的背景程序中。并只具有一个 PROFINET 接口和其他组件通信，并用来支持 PROFINET 接口和其他组件通信。这些组件如 S7-400、S7-300F 等。对于 CPU 317-2PN/DP 而言，如果 PROFINET 接口既作为 PROFINET-IO 的控制器，又作为一个 PROFINET-CBA 组件与其他组件通信，则只能生成一个独立体组件。

（3）PROFIBUS 设备　PROFIBUS 设备可以有两种：

1）具有编程功能的智能 PROFIBUS-DP 从站，如 ET 200S CPU、ET 200X CPU、S7-300 CPU 等带有集成 DP 接口生成的 PROFIBUS 设备组件，这样的组件在 IMAP 上具有调试诊断功能。S7-300 CPU 通过 CP 342-5 PROFIBUS-DP 接口不能生成 PROFIBUS 设备组件。到目前为止 S7-400 虽然也可以作为 PROFIBUS-DP 从站，但是不能生成作为智能从站的 PROFIBUS 设备组件。

2）具有固定功能的从站，如 ET 200M、ET 200S、MM 440 变频器等不带有编程功能的从站，S7-200 CPU 虽然具有编程功能，但也属于具有固定功能的从站。这些从站作为 PROFINET 组件时，必须有相应的主站，如 WinAC PN、CPU 317-2PN/DP、CPU 315-2PN/DP 支持。S7-400 CPU 作为 PROFIBUS-DP 从站，可以作为一个具有固定功能的从站，但是在 IMAP 上没有调试诊断功能。

在图 5-22 中，IM 151-7 CPU 和 CPU 315-2DP_2 就属于第一类 PROFIBUS 设备，通过 IE-PB-Link CBA 就可以作为 PROFINET 组件，不需要主站的支持；而 IM 151-7 CPU_1、Micromaster 4 和 IM 153-2_redundant 就属于第二类 PROFIBUS 设备，作为 PORINET 组件是通过主站 WinLC PN 支持的。

# 5.4　PROFINET-IO 的应用实例

## 1. PROFINET-IO 概述

PROFINET 是一种用于工业自动化领域的创新、开放式以太网标准（IEC 61158）。使用 PROFINET，设备可以从现场级连接到管理级。

通过 PROFINET，分布式现场设备（如现场 IO 设备，例如信号模板）可直接连接到工业以太网，与 PLC 等设备通信。并且可以达到与现场总线相同或更优越的响应时间，其典型的响应时间在 10ms 的数量级，能完全满足现场级的使用。

在使用 STEP 7 进行组态的过程中，这些现场设备（IO device，IO 设备）可以指定由一个中央控制器（IO controller，IO 控制器）进行管理。借助于控制器具有 PROFINET 接口或代理服务器，现有的模板或设备仍可以继续使用，从而保护 PROFIBUS 用户的投资。

IO Supervisor（IO 监视设备）用于 HMI 和诊断。

在 PROFINET 的结构中，PROFINET-IO 是一个执行模块化、分布式应用的通信概念。

PROFINET-IO 可以和 PROFIBUS 一样，创造出自动化的解决方案。所以不管是组态 PROFINET-IO 或 PROFIBUS，在 STEP 7 中有着相同的应用程序外观，如图 5-23 所示。

## 2. PROFINET-IO 现场设备简介

以下 SIMATIC 产品用于 PROFINET 分布式设备：

● IM 151-3 PN

作为 IO 设备直接连接 ET 200S 的接口模块。

● CPU 317-2DP/PN 或 CPU 315-2DP/PN

作为 IO 控制器的 CPU 模块，用于处理过程信号和直接将现场设备连接到工业以太网。

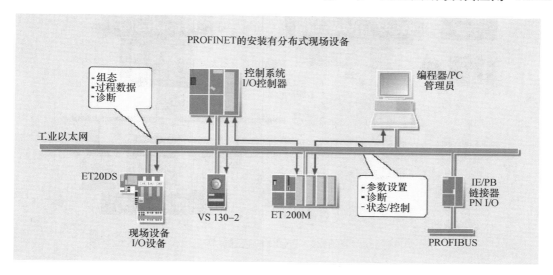

图 5-23 PROFINET-IO 结构

● IE/PB LINK PN IO

将现有的 PROFIBUS 设备透明地连接到 PROFINET 的代理设备。

● IWLAN/PB LINK PN IO

将 PROFIBUS 设备通过无线的方式透明地连接到 PROFINET 的代理设备。

● CP 343-1

用于连接 S7-300 到 PROFINET，连接现场设备的通信处理器。

● CP 443-1Advanced

用于连接 S7-400 到 PROFINET，连接现场设备并带有集成的 WEB 服务器和集成的交换机的通信处理器。

● CP 1616

可作为 IO 设备。用于连接 PC 到 PROFINET，连接现场设备并带有集成交换机的通信处理器。

● SOFT PN IO

作为 IO 控制器，用于运行编程器或 PC 的通信软件。

● STEP 7

用于已有的 PROFIBUS 进行传统方式组态 PROFINET。

**3. PN IO 组态**

PROFINET-IO 的 IO 现场设备在 PROFINET 上有着相同的等级，在网络组态时分配给一个 IO 控制器。现场 IO 设备的文件描述定义在 GSD（XML）文件中，如图 5-24 所示。

1）导入 GSD 文件，并在 STEP 7 中进行硬件组态。

2）编写相关程序，下载到 IO 控制器中。

3）IO 控制器和 IO 设备自动地交换数据。

本例设备简介，如图 5-25 所示。

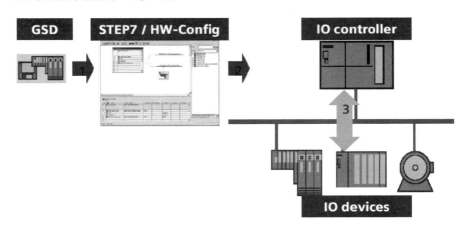

图 5-24　PN IO 的组态过程

**4. PN IO 的组态步骤**

1）打开 STEP 7 软件。

2）新建一个项目。单击工具栏中的 按钮，弹出 "New project" 对话框。在 "Name:" 栏中写入要新建的工程名 "PNController_ IODevice1"。单击 **Browse...** 按钮，给新建的工程存储在新的路径 "D：\ zhao xin \ PN \ workshop \ Getting started" 下，如图 5-26 所示。

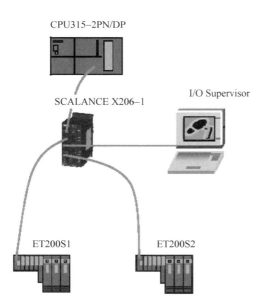

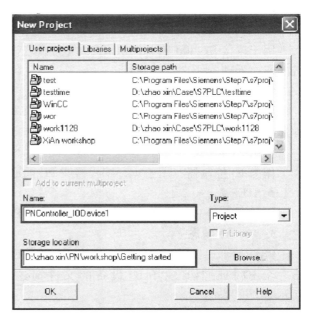

图 5-25　PN IO 系统构成图　　　　　图 5-26　创建新项目

3）添加 IO Controller，如图 5-27 所示。

在 "SIMATIC Manager" 左侧栏内，在 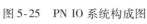 上单击鼠标右键，弹

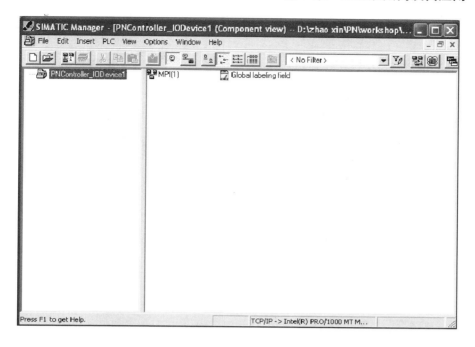

图 5-27 新建立的项目

出快捷菜单，插入一个 S7-300 站，如图 5-28 所示。

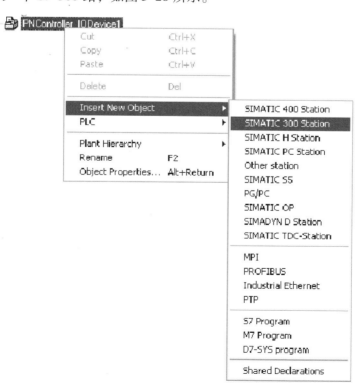

图 5-28 插入 SIMATIC 300 Station

在插入 S7-300 站后的 SIMATIC Manager 的界面，双击 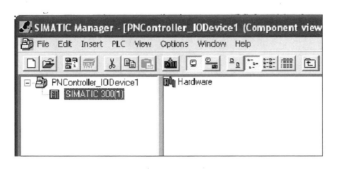 图标，或单击

 图标的 + 号，然后单击  图标，在右侧

会显示出  图标。双击该图标，打开 HW Config 界面对该项目进行硬件组态，如

图 5-29 所示。

图 5-29　进行硬件组态

4）对 IO Controller 进行硬件组态，如图 5-30 所示。

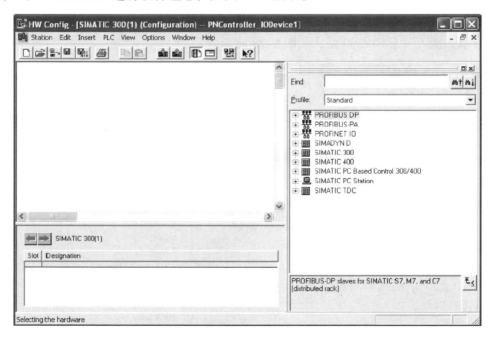

图 5-30　硬件组态界面

右侧栏内为产品分类。找到 RACK 300 的机架 Rail，用鼠标拖动到左上侧的空白栏内，

如图 5-31 所示。

在这个机架中添加 IO 控制器的 CPU 模块，找到 CPU-300 的 CPU 315-2PN/DP 的版本

V2.3，使用鼠标拖动到机架的 2 号槽中，如图 5-32 所示。

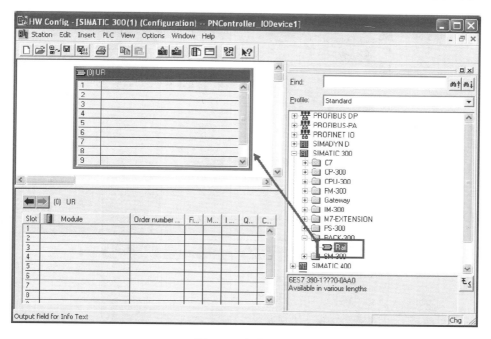

图 5-31　添加机架

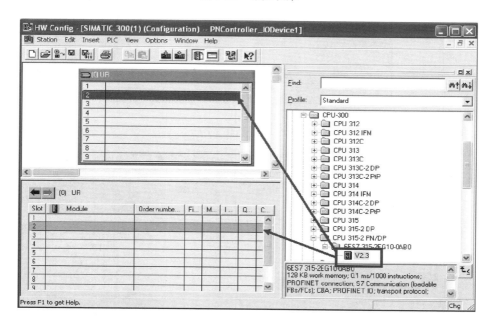

图 5-32　添加 CPU

这时会出现设置以太网接口的属性界面，根据需要可以使用其他的 IP 地址信息。这里使用默认的 IP 地址和子网掩码。并单击 "New" 按钮，新建一个子网 Ethernet（1）。单击 "OK" 按钮即可，如图 5-33 所示。

这时，会看到 CPU 控制器的 PN-IO 右侧出现一个轨线图标，说明已经建立了一个名字为 Ethernet（1）的子网，如图 5-34 所示。

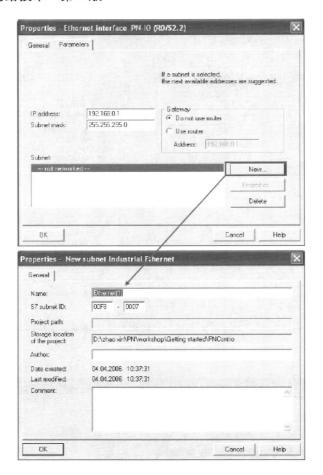

图 5-33 新建子网

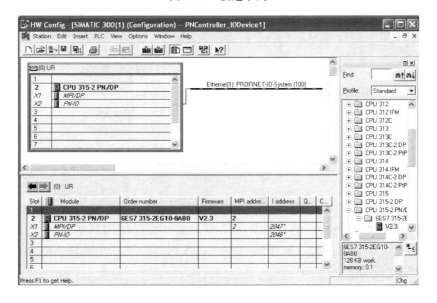

图 5-34 建立好的子网

5）对 IO Device 进行硬件组态，步骤如下。

在这个子网 Ethernet（1）中，配置另外两个 IO 设备站。配置 IO 设备站与配置 PROGIBUS 从站类似。同样在右侧的栏内找到需要组态的 PROFINET IO 的 ET 200S 的 GSD 文件图标，并且找到与相应的硬件相同的订货号的 ET 200S 接口模块，如图 5-35 所示。

使用鼠标把该接口模块的图标拖动到 Ethernet（1）上，如图 5-36 所示。

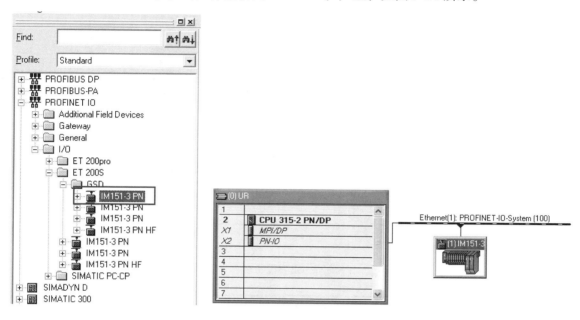

图 5-35　PN IO 设备　　　　　　　图 5-36　在子网中添加 PN IO 设备

双击（1）IM151-3 图标，弹出该"ET 200S"的属性界面。可以看到对于 ET 200S 的简单描述，如订货号、设备名称、设备号码和 IP 地址。其中"Device Name"设备名称可以根据工艺的需要来自行修改，这里改为"ET 200S1"。"Device Number"设备号码用于表示设备的个数。IP 地址也可以根据需要来修改。这里使用默认状态"192.168.0.2"，如图 5-37 所示。单击"OK"按钮，关闭该对话框。

单击（1）ET200S1 图标，会在左下栏中显示该 IO 设备的模块列表。目前只有 PN 接口模块在槽号 0 上，如图 5-38 所示。

使用同样的方式在右侧的产品栏内，选择其他 ET 200S 的模块添加到 IO 设备的模块列表中。首先选择 PM-E 模块，注意该模板的订货号要与实际配置的模板订货号相同。使用鼠标拖动到该列表的 1 号槽内。这与实际的硬件模板顺序一致。双击 1　PM-E DC24V 图标可以打开并修改其电源模板属性，这里使用默认方式，如图 5-39 所示。

使用同样的方式在右侧的产品栏内，选择 4DI 模板，注意该模板的订货号要与实际配置的模板订货号相同。使用鼠标拖动到该列表的 2 和 3 号槽内。这与实际的硬件模板顺序一致。双击 3　4DI DC24V ST 图标可以打开并修改其 DI 模板属性，这里使用默认方式。可以看到 DI 模板的地址为 0、1，如图 5-40 所示。

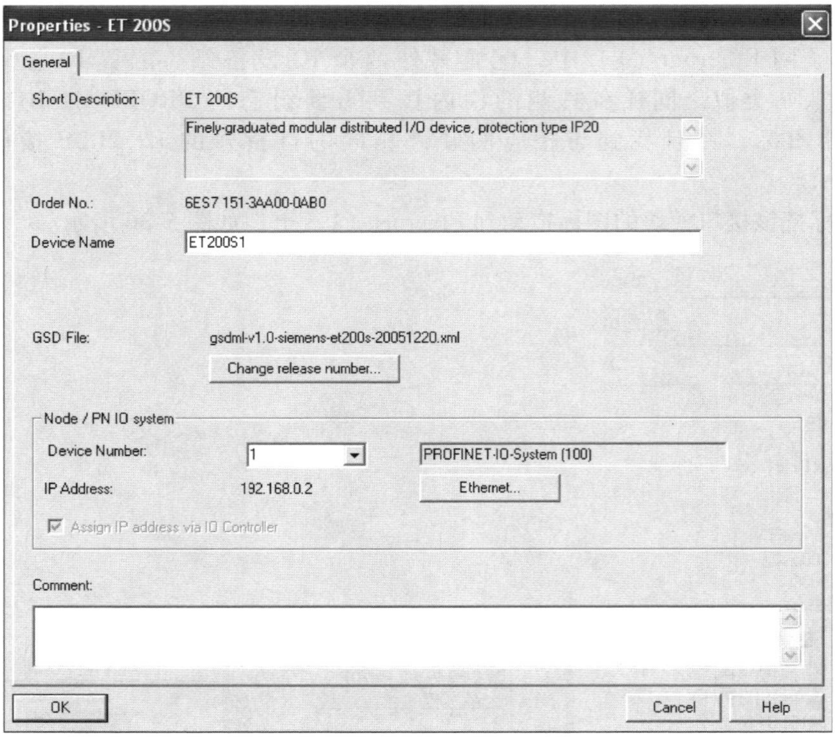

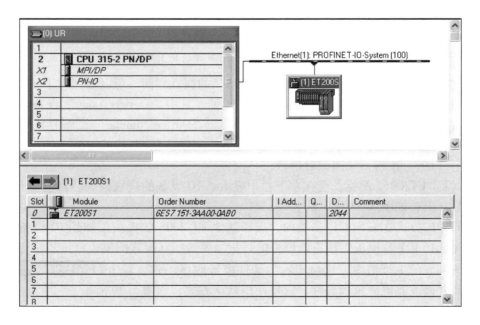

图 5-37 设置设备名称

图 5-38 IO 设备列表

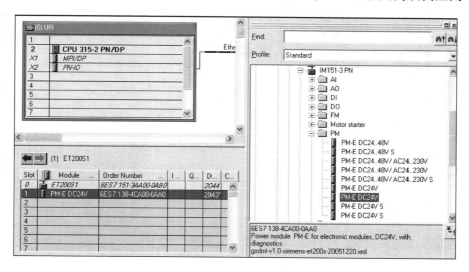

图5-39　添加其他的 IO 设备

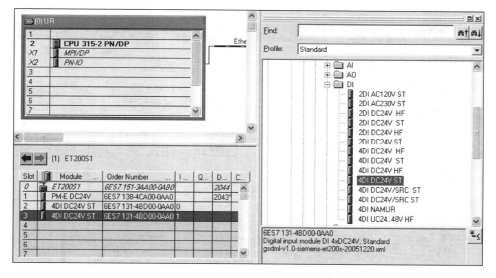

图5-40　添加其他的 IO 设备

使用同样的方式，在右侧的产品栏内选择 2DO 模板，注意该模板的订货号要与实际配置的模板订货号相同。使用鼠标拖动到该列表的 4 和 5 号槽内。这与实际的硬件模板顺序一致。双击 5　2DO DC24V/0.5 图标可以打开并修改其 DO 模板属性，这里使用默认方式。可以看到 DO 模板的地址也为 0、1，如图5-41 所示。

使用同样的方式组态另一个 ET 200S 站，并改其"Device name"为"ET 200S2"。也可以单击 ET 200S1 图标，按住 Ctrl 键，复制出另一个 ET 200S2 站。因为实际的组态中两个 ET 200S 的硬件组态是相同的。IP 地址保持默认状态"192.168.0.3"。可以看到 DI 和 DO 模板的地址分别为 2、3。单击工具栏 图标，完成对该项目的硬件组态的编译和保存，如图5-42所示。

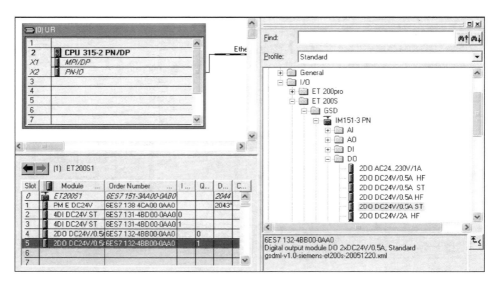

图 5-41  添加其他的 IO 设备

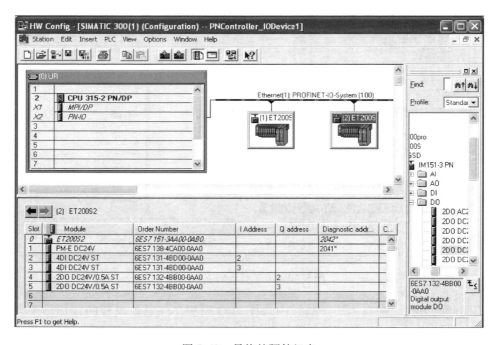

图 5-42  最终的硬件组态

6）编写用户程序步骤如下。

在 SIMATIC Manager 中，依照等级次序，点击 + 号至 Blocks，如图 5-43 所示。

可以看见右侧栏内出现 OB1，双击 OB1，进入 LAD/STL/FBD 的编程界面中。使用 STL 语言编程。根据在硬件组态中的 ET 200S 两个站的 DI、DO 模板地址，在 Network1 中，对 ET 200S1 进行数据读写；在 Network2 中，对 ET 200S2 进行数据读写。单击工具栏 ■ 按钮进行保存，如图 5-44 所示。

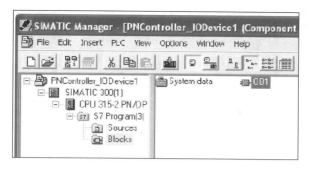

图 5-43  在 OB1 中编程

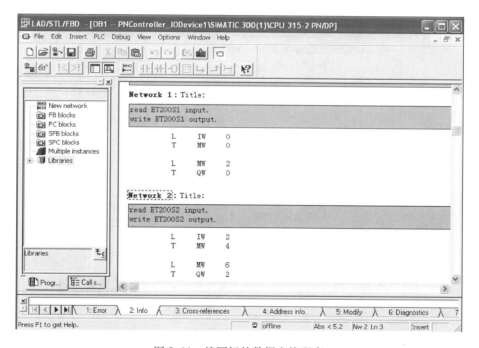

图 5-44  编写好的数据交换程序

7）设置 IO 设备名，步骤如下。

系统上电，在 HW Config 界面中，单击 Ethernet(1): PROFINET-IO-System (100) 图标。然后在菜单 "PLC" 中，选择 "Assign Device Name"。弹出设置 "IO Device" 等的命名界面，如图 5-45 所示。

从图 5-45 中看到两个 ET 200S 站的一些信息。IP 地址，由于没有下载 PLC 的硬件组态，故没有 IP 地址。MAC 地址，是 ET 200S 的 PN 接口模块在出厂时固化的硬件地址，不能修改。设备类型，此时指示在 Ethernet（1）上的 PN IO 的类型均为 ET 200S。设备名，目前在 ET 200S 的 MMC 卡中没有存储任何信息。通过下拉菜单 Device name: ET200S1 ▼ 指示硬件组态的 ET 200S 的设备名称为 ET 200S1，根据不同的 MAC 地址，单击选择不同 ET 200S 设备。选择 MAC 地址为 "08-00-06-6BF7-A6" 的 ET 200S，单击 Assign name 按钮，给其命名为 "ET 200S1"，如图 5-46 所示。

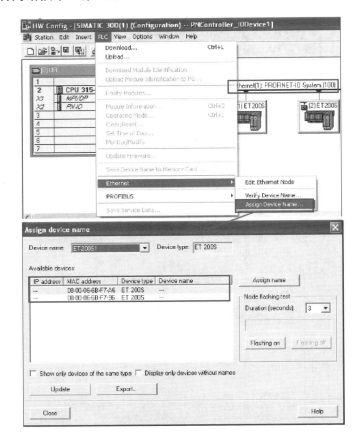

图 5-45 为设备命名

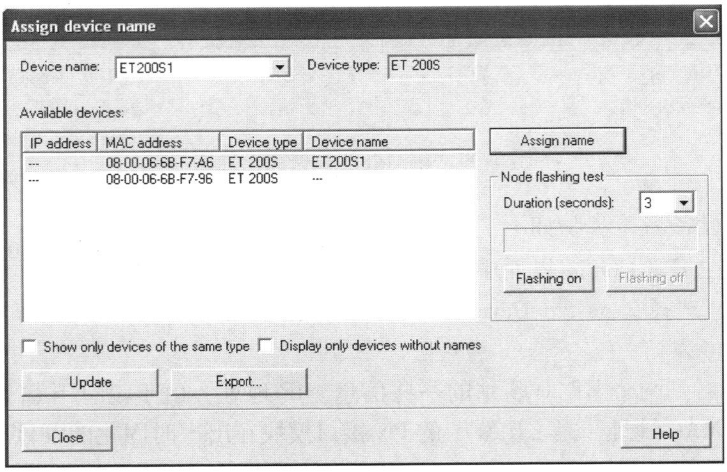

图 5-46 为 ET 200S1 命名

ET 200S1 的 MAC 地址在 IM 151-3 的接口模块上，打开接口模块的前盖，可以看见相应的 MAC 地址，如图 5-47 所示。

使用同样的方式给 ET 200S2 命名，如图 5-48 所示。

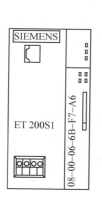

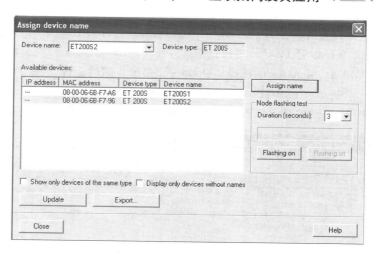

图 5-47　ET 200S1 的 MAC 地址

图 5-48　为 ET 200S2 命名

ET 200S2 的 MAC 地址在 IM 151-3 的接口模块上，打开接口模块的前盖，可以看见相应的 MAC 地址，如图 5-49 所示。

单击 Ethernet(1): PROFINET-IO-System (100) 图标。然后在菜单"PLC"中，选择"VerifyDevice Name"来查看组态的设备名是否正确。绿色的"√"表示正确，如图 5-50 所示。

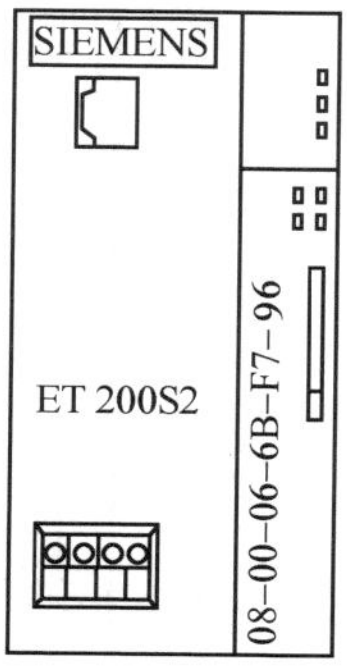

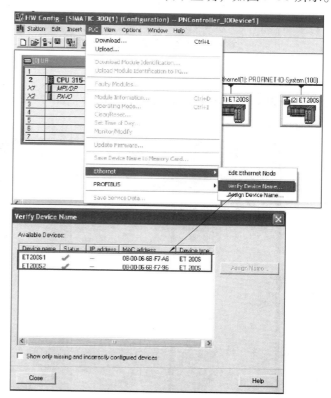

图 5-49　ET 200S2
　　的 MAC 地址

图 5-50　检查设备名是否正确

设置完毕后单击工具栏中的 ![] 按钮，保存和编译刚刚的组态。

8）设置 PG/PC 接口：对于 PROFINET 的组态下载和调试，使用 TCP/IP 协议，所以在 SIMATIC Manager 中选择"Options"菜单，然后选择"Set PG/PC Interface"，如图5-51所示。

选择"TCP/IP→Intel（R）PRO/1000MT"接口参数。其中"Intel（R）PRO/1000MT"表示本台 PG/PC 的以太网卡。单击"OK"按钮即可，如图 5-52 所示。

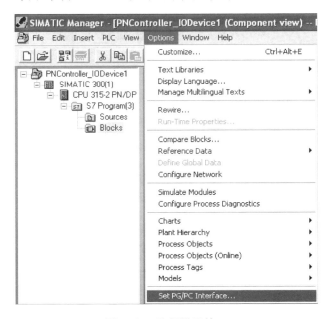

图 5-51　选择设置接口　　　　　　　　　　图 5-52　选择以太网卡

可以在 SIMATIC Manager 的界面的状态栏中，发现已经选择的 PG/PC 接口，如图 5-53所示。

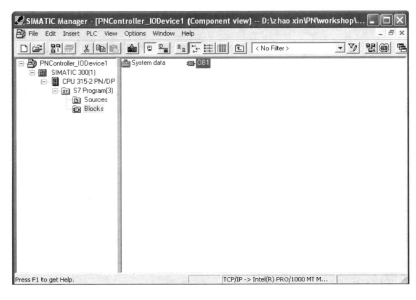

图 5-53　SIMATIC Manager 界面

对本台 PG/PC 作为 IO supervisor，通过一根 PC 标准以太网线连接 SCALANCE X 206-1 交换机。双击本地网络连接图标，给本机设置 IP 地址 192.168.0.100。注意使各台 PN 设备要在同一个网段 192.168.0.0 上，设置如图 5-54 所示。

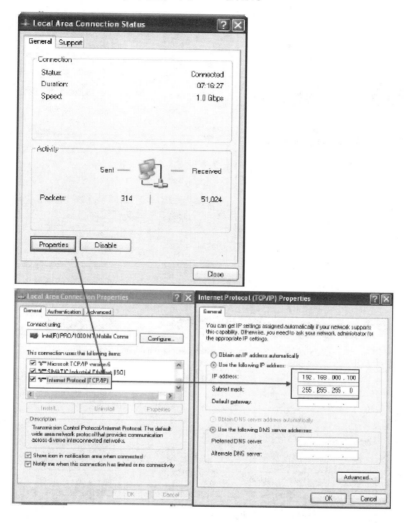

图 5-54　网段的设置

9）下载硬件组态，步骤如下。

在 HW Config 界面中，选择 图标。弹出选择目标模块界面，默认状态为 CPU 315-2PN/DP，单击"OK"按钮，如图 5-55 所示。

弹出选择节点地址对话框。IP 地址 192.168.0.1 为已经设定的 CPU 的 IP 地址，如图 5-56所示。

单击 View 按钮，寻找网络上的 IO 设备。IP 地址为"192.168.0.100"是 PC/PG（IOSupervisor）的以太网地址。MAC 地址为"08-00-06-6B-9D-48"是 CPU315-PN/DP 的 MAC 地址，如图 5-57 所示。

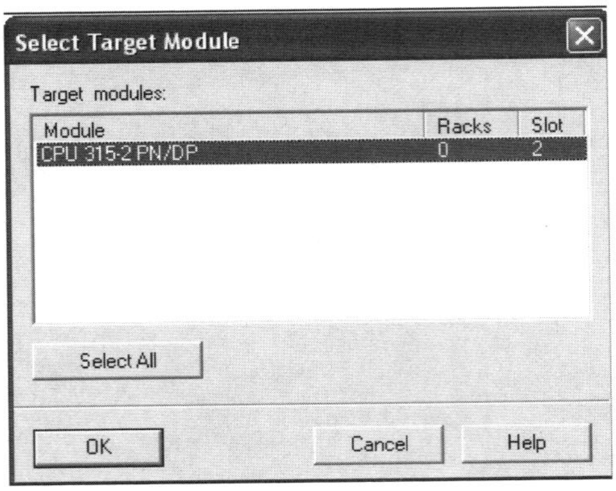

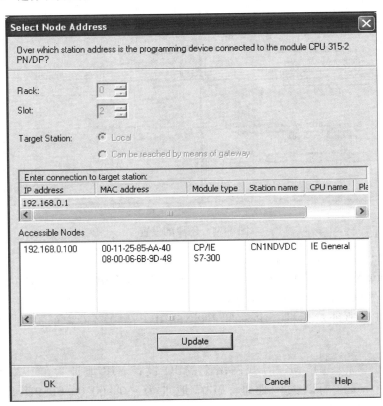

图 5-55　选择下载目标

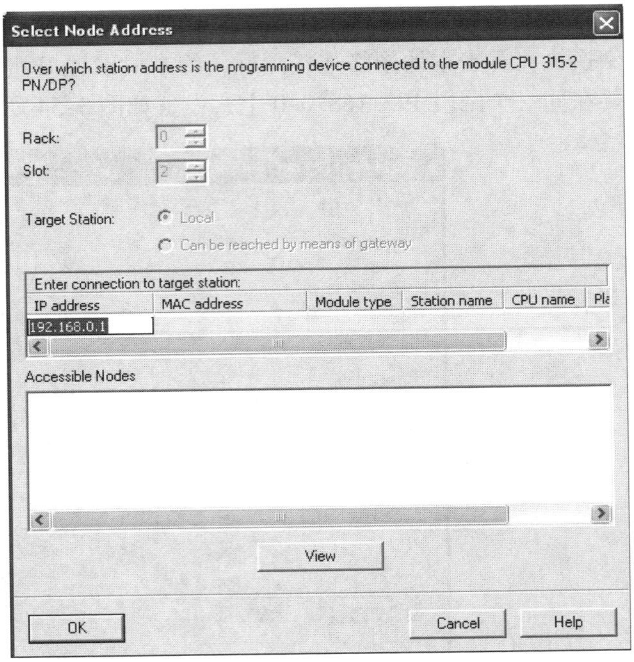

图 5-56　目标 IP 地址

图 5-57　目标 MAC 地址

单击 S7-300，在选择的连接目标站出现选择的 S7-300，如图 5-58 所示。

单击"OK"按钮下载。会弹出一个对话框，询问是否给 IO 控制器的 IP 地址设置为"192.168.0.1"。单击"Yes"按钮，如图 5-59 所示。

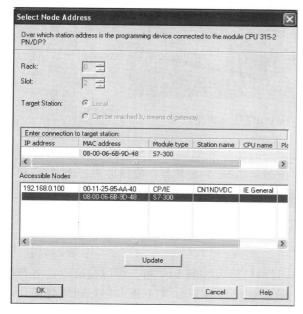

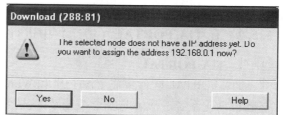

图 5-58　选择 S7-300 PLC

图 5-59　下载确认信息

系统即给 IO 控制器赋 IP 地址，并下载组态信息到 PLC 中。

## 5.5　基于 TIA PORTAL（博途）的网络视图

正如 5.4 节中所述，PROFINET 系统的物理拓扑一般使用网络交换机连接成星形结构，但在 STEP7 中进行 PROFINET-IO 的硬件组态时却并不需要进行交换机的组态，导致硬件组态结构与实际硬件配置并不一致，在西门子最新工业软件 TIA PORTAL（博途）中则可以解决这一问题。

### 5.5.1　TIA PORTAL（博途）简介

随着西门子新一代 PLC 系统 S7-1200 及 S7-1500（图 5-60）的发布，西门子同时也推出了新一代的一体化编程及组态软件 TIA PORTAL（博途）。

传统 PLC 控制系统的设计包含了 PLC 硬件系统的组态、PLC 程序的编写、HMI 人机界面的组态、上位 SCADA 系统的组态等，而这些工作往往通过不同的软件实现，且这些软件采用了相互独立的实时数据库，相互之间不能实现数据的共享。

例如西门子的 S7 系统中，PLC 硬件的组态及编程采用了 STEP7 实现；TP 及 OP 人机界面的组态采用了 WinCC flexible 软件；数据监控平台的组态采用了 WinCC 软件。在 STEP7 中建立的符号表不能直接导入 WINCC 中直接使用。

TIA PORTAL（博途）正是为解决这一矛盾而推出的全新软件系统，TIA PORTAL 将

图 5-60    S7-1500 及 TIA PORTAL（博途）

STEP7 及 WinCC 两个软件集成在了一起，采用统一的实时数据库，在 STEP7 中建立的符号表可以直接在 WinCC 中使用，硬件组态、网络配置、人机界面组态、数据监控平台组态及系统的监控报警等全部都集成在一起，大大提高了构建自动化系统的效率。

### 5.5.2    在 TIA PORTAL（博途）中进行 PROFINET-IO 的组态

#### 1. TIA PORTAL

TIA PORTAL 软件集成了 STEP7 和 WinCC，目前已经发布到 V12 版，可以全面支持各种基础自动化系统、故障与安全系统及工艺控制系统（即 T-CPU），TIA PORTAL 软件界面包含了 PORTAL 视图和项目视图两个视图，在 PORTAL 视图中可以清晰地看到整个项目的总体结构；在项目视图中可以进行硬件组态、程序设计、人机界面组态等多项工作。通过界面左下方的选项卡可方便地在两个视图间进行切换，如图 5-61 所示。

PORTAL 视图                                         项目视图

图 5-61    TIA PORTAL 的两个视图

#### 2. PN-IO 的组态

在本例中组态的项目与上例中的项目相似，改用 TIA PORTAL 完成网络组态工作。

（1）所需的软件及应用

软件：STEP7 V11 UPD2。

硬件：PS307 电源、CPU315-2DP/PN、IM151-3PN、CALANCE X204 网络交换机。

（2）网络组态及参数配置    打开 TIA PORTAL 后，首先进入的是 PORTAL 视图，在未建立项目前看到的是在本机上创建的项目（如图 5-62 所示），在该画面中可以选择打开已有的项目或建立新的项目。

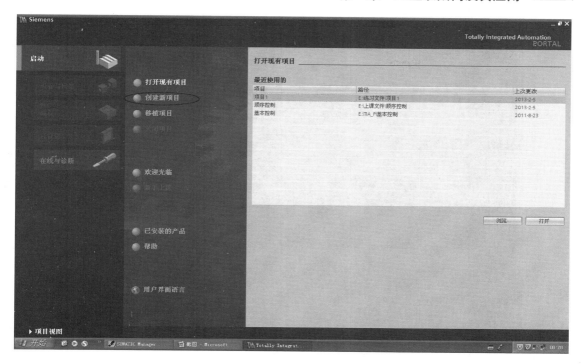

图 5-62　PORTAL 初始视图

选择创建新项目可以建立新的 PORTAL 项目，在项目名称中输入"以太网"，更改项目路径后点击创建按钮便可以创建一个新的项目，如图 5-63 所示。

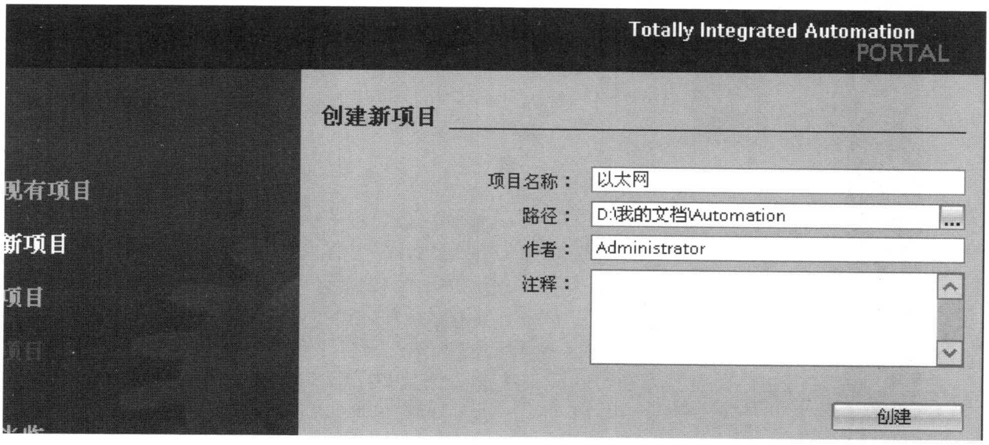

图 5-63　创建新项目

当完成一个新项目的创建后即可进入图 5-64 所示的 PORTAL 视图，在该视图中可方便地进行设备硬件组态、PLC 程序创建、HMI 画面组态等多项操作。

单击添加硬件，选择 PLC，在列出的硬件列表中选择 CPU315-2PN/DP，将设备名称修改为"Controller"后回车即可进入项目视图，如图 5-65、图 5-66 所示。进入项目视图后可随时通过画面左下角的选项卡返回 PORTAL 视图。

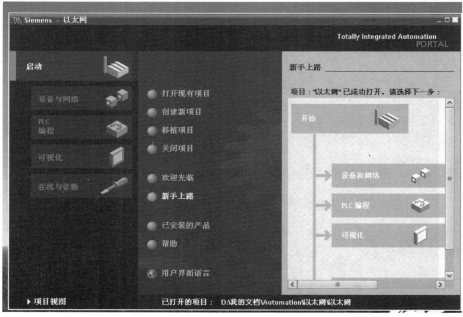

图 5-64　PORTAL 视图

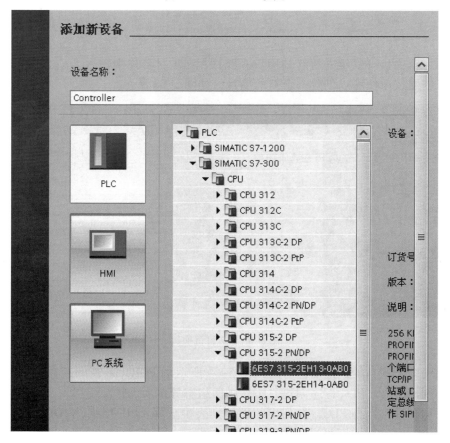

图 5-65　选择硬件

TIA PORTAL 的硬件组态具有较高的仿真度，组态画面与真实的 PLC 硬件非常接近。在画面右边选择"硬件目录"选项卡从硬件目录中选择 PS 307 电源模块拖拽到 1 号机架，项目会自动为模块命名，点击下方的箭头可打开模块属性栏为模块重命名，并可为设备设置 IP 地址，在本例中我们均使用系统默认 IP 地址，如图 5-67 所示。

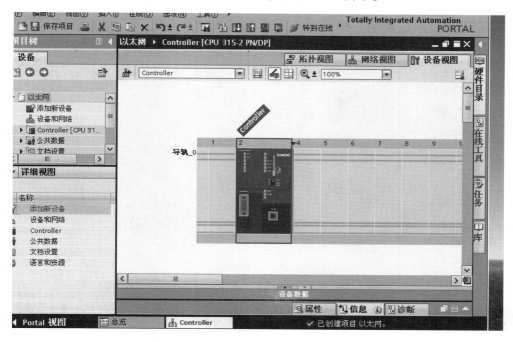

图 5-66  项目视图

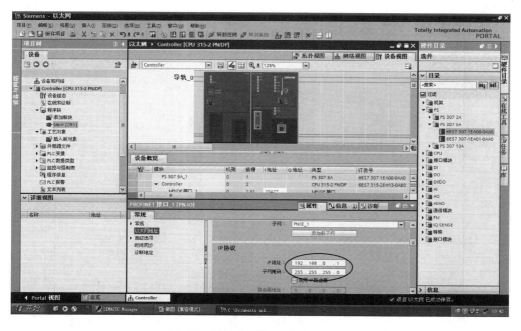

图 5-67  添加电源模块及设置 IP 地址

单击图5-67右上方的网络视图选项卡可进入项目的网络视图，如图5-68所示。

与传统的STEP7不同，在STEP7 V11中，除IO设备外，交换机等网络设备也必须加入项目组态。首先将IM151-3PN拖拽进项目，请注意ET200S的模块在硬件目录中分为PROFINET和PROFIBUS两个文件夹，这里我们选择PROFINET文件夹，如图5-69所示。

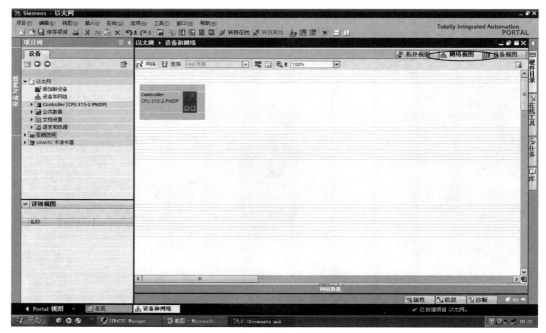

图5-68　网络视图

图5-69　添加ET200S

在网络组建中选择 X204 交换机添加到项目中，如图 5-70 所示。在项目中新添加的硬件都一样会自动命名，这个名称将作为 PROFINET-IO 系统中的设备名。

在网络视图中添加完设备后，新添加的设备左下角显示了"未分配"，这表示这些设备都可以作为 PN-IO 系统中的 IO 设备，但未为其分配 IO 控制器。选中 X204，这时交换机 X204 左下角的"未分配"会弹出目前系统中已组态的 IO 控制器，选择 Controller，如图 5-71 所示。

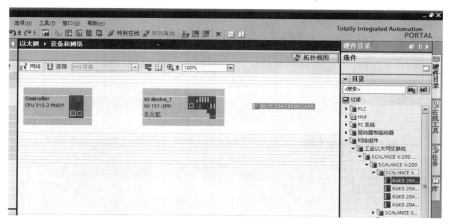

图 5-70　添加网络交换机

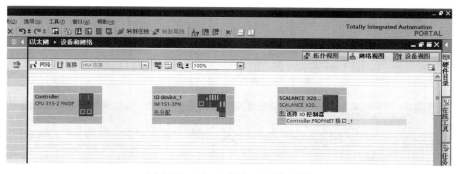

图 5-71　为 IO 设备选择控制器

之后在交换机与 CPU 之间会连接一根网络连线，但现在的连接线是虚线，说明该连接未经最终确定，如图 5-72 所示。

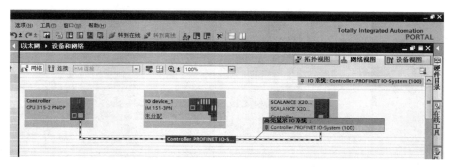

图 5-72　未经确认的网络

用同样的方法为 ET200S 选择 IO 控制器。完成后将鼠标放到虚线网络上，这时会显示"高亮显示 IO 系统"，单击该系统，网络便会确认变为绿色实线状态，如图 5-73、图 5-74 所示。

双击 ET200S，可以进入 ET200S 的硬件组态界面，如图 5-75 所示。

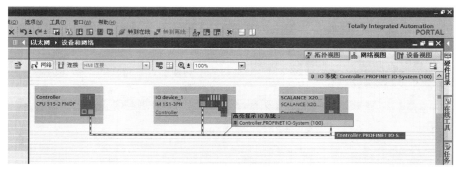

图 5-73 为 ET200S 选择控制器

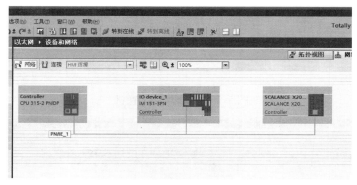

图 5-74 确认的 PROFINET-IO

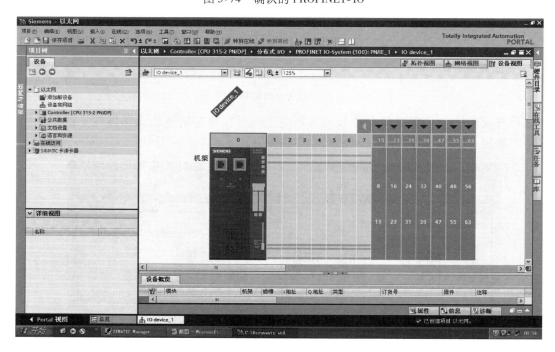

图 5-75 ET200S 组态

在 ET200S 的 1 号插槽中插入电源模块（PM 模块）、2 号及 3 号插槽中插入 DI/DO 模块，如图 5-76 所示。

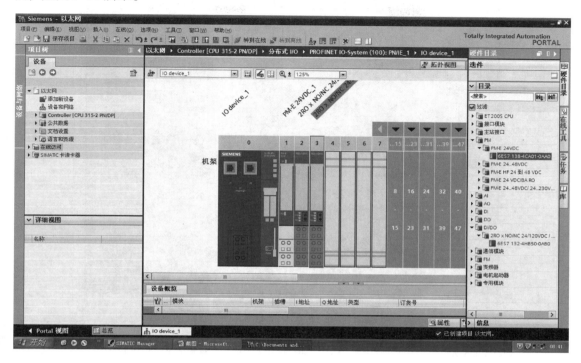

图 5-76　在 ET200S 中添加电源及 I/O 模块

完成 ET200S 的组态后返回网络视图，用鼠标右键单击网络线，在弹出的菜单中选择分配设备名称可以将设备名分配给 ET200S 及交换机，分配方式与上例相似，如图 5-77、图 5-78 所示。

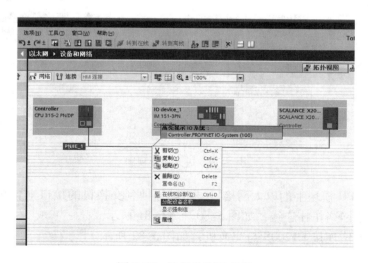

图 5-77　选择分配设备名

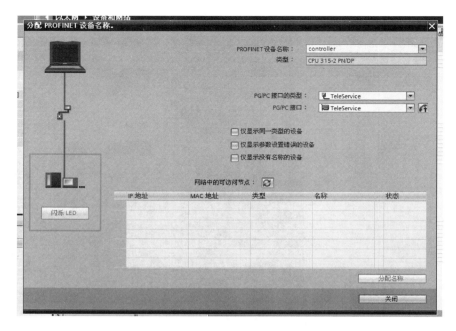

图 5-78　分配设备名对话框

　　完成以上组态后，如图 5-79 所示，网络组态与实际的网络拓扑结构还是不一致，在 TIA PORTAL 中提供了拓扑视图，可完成与实际网络拓扑结构完全一致的网络组态。选择右上方的"拓扑视图"选项卡进入网络拓扑视图，如图 5-79 所示。可见在拓扑视图中所有网络设备的接口均与实际网络设备完全一致。

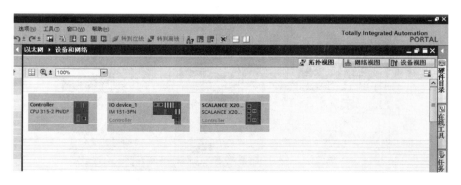

图 5-79　进入拓扑视图

　　用鼠标单击 CPU 模块上的以太网接口，将其拖拽到交换机的接口上，在 CPU 与交换机之间便会出现一根网络拓扑连线，如图 5-80、图 5-81 所示。
　　使用同样的方法连接 ET200S 与交换机，如图 5-82 所示。

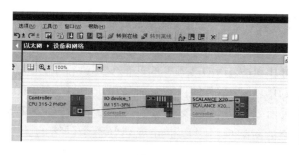

图 5-80　连接 CPU 与交换机

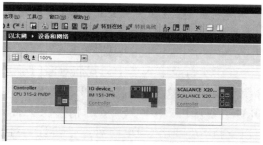

图 5-81　连接好的拓扑

完成后的网络拓扑如图 5-83 所示，该网络拓扑与实际系统的网络拓扑就完全一致了，至此为止，PN-IO 系统的硬件组态完成，点击编译保存。

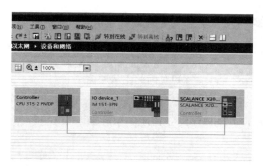

图 5-82　连接 ET200S 与交换机

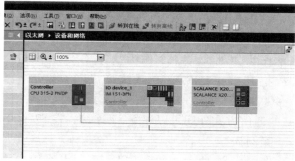

图 5-83　网络的实际拓扑结构

双击 CPU 模块回到硬件画面，在左侧的项目树中找到程序块就可以为 PLC 按需求编写控制程序。如图 5-84 所示。

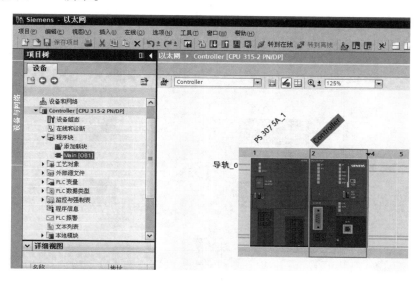

图 5-84　进行 PLC 程序编写

## 5.6　西门子通信总结

在第4章及第5章中，我们对西门子PROFIBUS及PROFINET的通信实现进行了详细的介绍。其中PROFIBUS支持DP、FMS、PA、FDL、S7等通信协议，而PROFINET支持IO、CBA以及TCP、UDP、S7等通信协议。有的通信处理器能够支持多种协议，例如CP342-5可以支持S7、FDL、DP三种通信协议。对于一个新的项目可以事先规划好整个网络的拓扑结构并选择通信协议；如果旧项目的改造遇到通信问题，就要选择合适的通信处理器以适合旧系统的通信协议。下面对一些典型的通信实例进行分析。

**实例1：**

如图5-85所示，两个采用CPU315-2DP作为CPU模块的S7-300之间使用集成DP口通信，只能采用PROFIBUS-DP方式通信，一个作为主站，另一个作为从站。如果把其中一套S7-300系统换成S7-400系统，两个集成DP口除了

图5-85　PLC与PLC间的主从通信

DP的通信方式外还可以建立S7连接，在S7-400侧调用SFB14、SFB15访问S7-300的数据。

**实例2：**

如图5-86所示，两个CPU315-2DP系统分别通过集成DP口带有自己的从站，不能通过集成DP口直接通信，必须通过一个DP/DP耦合器交换数据。利用DP/DP耦合器，可以保证两个主站间通信的快速性。如果把一套S7-300系统换成S7-400系统，两个集成DP口间可以建立S7连接，在S7-400侧调用SFB14、SFB15访问S7-300的数据，而不需要使用DP/DP耦合器，但是整个网络的DP主从通信速度将会受到影响。

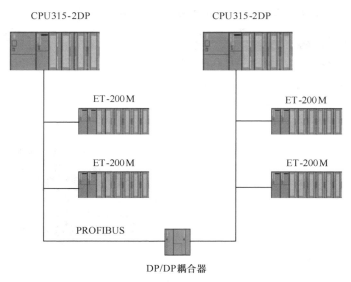

图5-86　采用DP/DP耦合器连接

**实例 3:**

如图 5-87 所示，网络中的两个 S7-300 PLC 分别通过 CP342-5 连接 ET-200M，CP342-5 作为主站，ET-200M 作为从站，通过 PROFIBUS-DP 通信协议。两个 S7-300 站与操作站 WinCC 通过 S7 方式通信，编程器通过 CP342-5 还可以监控 PLC，这样 CP342-5 所有的功能都用到了，但是网络的通信效率将下降。为保证 DP 主站访问从站的快速性，可以把网络分开，比如用 CPU315-2DP 集成的 DP 接口连接 DP 从站，FDL、S7 的连接可以放在 CP342-5 上。

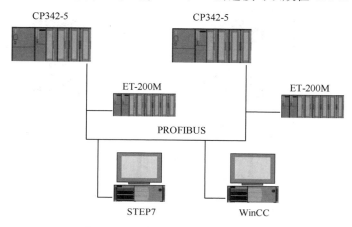

图 5-87　CP342-5 的复合连接

**实例 4:**

图 5-88 在 PLC 上采用了 CPU315-2DP，并采用了 CP343-1 以太网模块，通过 CPU 集成的 DP 口连接 ET-200M 从站，CP343-1 之间可以通过 PROFINET-CBA、UDP 或 TCP 方式通信，如果将其中一套 S7-300 换成 S7-400，则还可以通过 S7 方式进行通信。这种方式是目前新建系统中最常用的方式之一。

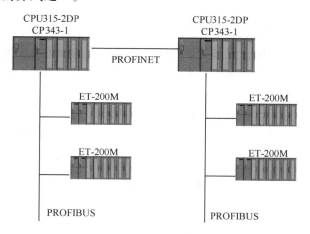

图 5-88　PROFIBUS 与 PROFINET 的混合应用

**实例 5:**

图 5-89 采用 CP343-1 连接 PLC 与 IO 设备，在 IO 控制器与 IO 设备间采用 PN-IO 进行

通信，在两个 PLC 间采用 PN-CBA、UDP 或 TCP 方式进行通信，如果将其中一套 S7-300 换成 S7-400，则还可以通过 S7 方式进行通信。

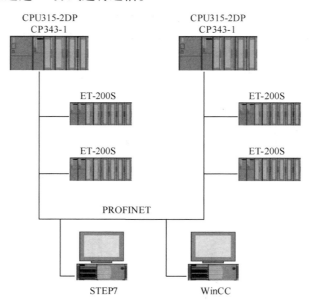

图 5-89   完全基于 PROFINET 的通信

　　网络所采用的拓扑结构、通信方式等，取决于通信数据量的大小、实时性、控制工艺的要求、以及物理条件限制等多方面因素，在工程实施的初始阶段需要仔细考虑。S7 系列通信处理器绝大部分是支持多协议的，这样可使整个网络具有更好的可扩展性和灵活性。

# 本 章 小 结

　　20 世纪 80 年代产生和发展起来的现场总线技术，使得工业企业的管理控制一体化成为可能。由于以太网的广泛应用，许多工业厂商开始将传统的现场总线架构在以太网上。本节对工业以太网的基本情况进行了概述。同时，以西门子系列工业以太网为例进行了以下的介绍：

1）西门子传统工业以太网的构成方式及组态实例。

2）介绍了西门子最新的 PROFIBUS 系列工业以太网的基本状况、系统组成及系统组态方法。

## 思 考 与 练 习

1. 什么是工业以太网？有何特点？

2. 在 S7-300 中使用工业以太网，如何进行硬件组态？

3. 在 S7-300 中，FC5（AG_Send）和 FC6（AG_Recv）程序块如何应用？

4. 与普通的现场总线及工业以太网相比较，PROFINET 有哪些不同的地方？

5. 请简单说明 PROFINET-IO 通信的组态过程。

# 第6章　过程控制中的网络技术

过程控制自动化技术是通过采用各种自动化仪表、计算机等自动技术工具，对石油、化工、电力、冶金、轻工、建材等工业生产中连续的或按一定周期程序进行的生产过程中的有关物理参数进行自动检测和控制，以达到最优的技术经济指标。这些参数主要包括系统的温度、压力、流量、液位和成分等。随着经济的发展，过程控制技术在提高经济效益和劳动生产率、节约能源、改善劳动条件、保护生态环境等方面起着越来越大的作用。

本章的第 1 节介绍过程控制系统基本概念，包括系统的组成及分类、系统的特点、系统的质量指标等；第 2 节介绍过程控制系统的数学模型，包括数学模型的基本概念，常用控制系统数学模型的建立方法；第 3 节介绍过程控制系统的控制规律，主要包括位式控制的基本规律及比例、积分、微分及其组合的控制规律。

## 6.1　过程控制系统概述

### 6.1.1　过程控制系统的基本概念

生产与生活的自动化是人类长久以来追求的目标。经过 20 世纪的快速发展，特别是计算机技术的广泛应用，自动控制的应用已相当普遍，人们正在追求更广泛领域和更高层次的自动化。本节通过介绍几个日常生活和工业生产中常见的自动控制系统，引入自动控制的基本概念。

**1. 生活环境中的控制系统**

在人们的日常生活中处处都可见到自动控制系统的存在，如温度调节、湿度调节、自动洗衣机、自动售货机、自动电梯等。它们都在一定程度上代替或增强了人类身体器官的功能，提高了生活质量。

（1）空调　空调是一个典型的温度控制系统。室温采用空气调节器进行控制时，温度变化曲线如图 6-1 所示。图中，26℃ 是人们所期望的室内温度，可通过调节空调上相应的按钮来设定。实际的室温在进入稳态后围绕期望温度在一定范围内来回波动，实现这种温度调节功能的是空调中的温度控制系统。首先，它需要有一个温度计，用来测量室

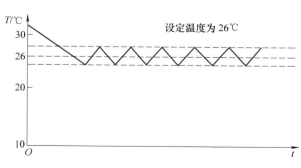

图 6-1　室温控制过程温度变化曲线

温。其次，需要一个控制器，判断室温是否高于或低于用户设定的温度。还需要一个切换开关和具有控制作用的实施装置，这里是加热装置和制冷装置。最后，是被控制的装置或对

象，这里就是装了空调的房间。这就是一个完整的自动控制系统的4个基本组成部分。

（2）洗衣机 全自动洗衣机也是按照事先设定好的几个步骤进行工作的，但它的控制过程比较复杂，一个大周期中又包含了几个基本相同的小周期。完整的洗衣机控制系统还包括进水控制、出水控制和平衡控制等。

### 2. 工业生产中的控制系统

供热锅炉是生产供热蒸汽的设备，因此是整个供热系统中最重要的设备。锅炉在工作时必须将水位保持在一定的高度。水位过低，锅炉有可能烧干而酿成事故；水位过高，产生的蒸汽含水量太高，会造成蒸汽带水，导致供热管道积水。因此必须根据锅炉蒸汽负荷的大小调整锅炉的给水量，使锅炉水位始终维持在允许的范围内。

图6-2是一个供热锅炉水位控制系统。首先由液位变送器检测到水位的变化，并转换成标准信号送到控制器中。控制器将输入的信号和水位设定的标准信号比较，当两者的偏差超出规定范围时，它将运算后发出控制指令。通过执行器改变阀门的开度增加或减少给水量，从而达到锅炉水位的平衡，实现了锅炉水位的自动

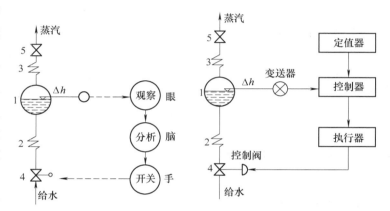

图6-2 锅炉水位控制系统

控制。这个过程与人工操作其实是相同的，人们通过眼睛观察到液位的变化，通过大脑分析液位的高低，最后通过手调节阀门来保持水位的平衡。

## 6.1.2 过程控制系统的组成及分类

### 1. 过程控制系统的组成

通过前面的实例，可以看出一个简单的过程控制系统的组成可用图6-3所示的框图表示。

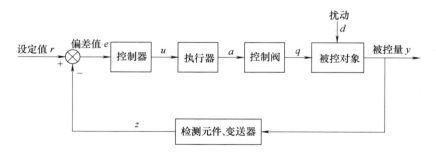

图6-3 过程控制系统组成框图

框图中各部分的具体含义如下：

被控对象：指某些被控制的装置或设备，例如水槽、加热炉，以及储藏物料的储罐等。如果影响生产正常进行的参数全部或局部进行了自动控制，则这些设备或装置就是被控制的对象。必须指出的是，被控参数（被控量）不同，对于同一个设备或装置所表现的对象特性是不同的。

检测元件及变送器：检测元件的功能是测出被控量的大小，通常由传感元件实现。变送器的作用是将检测元件测出的被控量变换成调节器所需要的信号形式。变送器必须与检测元件及调节器配套，它们才能协调工作。

设定值：其作用是把被控量设定值（或称给定值），即生产规定的数值的大小，以调节器所要求的信号（电信号或气信号）形式，输送给调节器。

控制器：控制器包括比较部分和调节器两部分。它是自动控制系统中的指挥机构。控制器首先将设定值与测量值进行比较，并把二者的差值进行运算，然后发出控制信号使执行机构动作。例如在水槽液位控制中，如果液位设定值高于测量值，则调节器即发出命令，要执行机构关小出水阀门，减小出水量以提高液位；如果设定值低于测量值，则调节器发出相反的命令，增加出水量以降低液位。设定值与测量值之差 $e$（称为偏差）就是控制器的输入信号，控制器根据偏差的大小与方向（即设定值高于或低于测量值），发出一个适当的控制信号，这就是控制器的输出信号。控制器的输出与输入之间有不同的函数关系，这个关系称为控制器的控制作用（或称控制规律）。

执行器：接受控制器发来的控制信号并放大到足够的功率，推动调节机构动作（例如阀门开度变化）。常见的执行机构有气动执行机构、电动执行机构和继电器等。

控制阀：常见的有各种调节阀、晶闸管和接触器等，其动作直接受执行机构操纵。按照控制器的控制作用，可改变操纵量，给对象施加控制作用，即调整能量或物料的平衡，使被控量回复至设定数值。

从图 6-3 可以看出，在自动控制系统中，信号沿着箭头的方向前进，最后又会回到原来的起点，形成一个闭合的回路，这样的系统叫做闭环系统。如果信号前进至某处断开了，没有形成闭合的回路，这样的系统就称为开环系统。从图上还可以看到，受控对象的输出 $y$（即被控量），经过测量变送元件检测后，将信号送至调节器中。再利用比较元件，将测量值与设定值进行比较，其偏差由调节器进行运算并发出控制信号，使执行机构与调节机构动作，改变操纵量，调整被控量使其符合工艺要求。最后被控量又作为对象的输出，返回送到对象的输入端。这种把系统的输出信号又引回到输入端的做法，就叫做反馈。由于反馈信号 $z$ 送到输入端后，其作用方向与输出相位相反，故叫负反馈，反之则叫做正反馈。所谓正负，是指相对于设定值而言。在自动控制系统中，大多是采用负反馈。负反馈的作用就是减小偏差信号，改善动态品质，稳定控制过程。工业中的自动控制系统多是具有负反馈的闭环系统。

**2. 过程控制系统的分类**

过程控制系统的分类方法很多，可以按被控量分类，例如温度控制系统、流量控制系统等；也可以按调节器的控制作用来分类，例如比例控制系统、比例积分控制系统等。其中最基本的分类方法有：

（1）按系统的结构特点分类

1）反馈控制系统。反馈控制系统是根据系统被控量与给定值的偏差进行工作的，最后达到消除或减小偏差的目的，偏差值是控制的依据。如图6-2所示的液位控制系统，就是一个反馈控制系统。因为该系统由被控量的反馈构成一个闭合回路，又称为闭环控制系统。

2）前馈控制系统。前馈控制系统是直接根据扰动量的大小进行工作的，扰动是控制的依据。由于它没有被控量的反馈，所以不构成闭合回路故也称为开环控制系统。

3）前馈-反馈控制系统（复合控制系统）。前馈开环控制的主要优点是能针对主要扰动迅速及时克服对被控量的影响，利用反馈控制来克服其他扰动，使系统在稳态时能准确地使被控量控制在给定值上。这样充分利用前馈与反馈两者的优点，在反馈控制系统中引入前馈控制，构成了前馈-反馈控制系统可以提高控制质量。

（2）按给定值信号的特点分类

1）定值控制系统。所谓定值就是给定值恒定，不随时间而变化。生产过程中往往要求控制系统的被控量保持在某一定值不变，当被控量波动时，调节器动作，使被控量回复至设定值（或接近设定数值）。定值控制系统是过程控制中应用最多的一种控制系统，因为在工业生产过程中大多要求将系统被控量（温度、压力、流量、液位、成分等）的给定值保持在某一定值（或在某一很小范围内不变）。在定值控制系统中，有简单的控制系统，又有复杂的控制系统。一般来说，简单控制系统只包含一个由基本的自动控制装置组成的闭合回路。如果影响被控量波动的因素较多，采用一个回路不能满足工艺要求时，就需要采用两个以上的回路，这就组成了复杂的控制系统。

2）随动控制系统。随动控制系统是被控量的给定值随时间任意地变化的控制系统。预先不知道它的变化规律，但要求系统的输出即被控量跟着变化，并且希望被控量随给定值的变化既快又准。其主要作用是克服一切扰动，使被控量及时跟踪给定值变化。例如在加热炉燃烧过程控制中，要求空气量跟随燃料量的变化而成比例变化，而燃料量是随负荷而变的，其变化规律是任意的。控制系统就要使空气量跟随燃料量的变化自动控制空气量的大小，从而保证达到最佳燃烧。

3）程序控制系统。程序控制系统是被控量的给定值是按预定的时间程序而变化的，被控量在时间上也按一定程序变化。控制的目的是使被控量按规定的程序自动变化，例如热处理炉温度的自动控制，需要采用程序控制系统，因为工艺要求有一定的升温、保温、降温时间。热处理炉工艺要求的温度变化规律（升温、保温、降温），通过系统中的程序设定装置，可使设定值按工艺要求的预定程序变化，从而使被控量随设定的程序变化。

**3. 过程控制系统的特点**

过程参数的变化不但受过程内部条件的影响，也受外部条件的影响，而且影响生产过程的参数一般不止一个，在过程中起的作用也不同，这就增加了对过程参数进行控制的复杂性，或者控制起来相当困难。这是生产过程具有的特殊性造成的，因此形成了过程控制的以下特点：

1）系统由过程检测控制仪表组成。过程控制是通过采用各种检测仪表、控制仪表（包括电动仪表和气动仪表）、计算机等自动化技术，对整个生产过程进行自动检测、自动监督和自动控制。从上述工业应用实例可见，系统必须由调节器、执行器、被控对象和测量变送器等4个环节组成。一个过程控制系统是由被控过程、过程检测控制仪表两部分组成的。工业过程是很复杂的，过程控制系统设计必须根据过程特性和工艺要求，通过选用过程检测控制仪表组成系统，再通过调节器 PID 参数的整定，使系统运行在最佳状态，实现对生产过程的最佳控制。

2）被控过程的多样性。在工业生产过程中，由于生产规模不同，工艺要求各异，产品品种多样，因此过程控制中的被控过程的形式是复杂多样的。有些生产过程（热工过程）是在较大的设备中进行的，它们的动态特性一般具有大惯性、大时延（大滞后）的特点，而且常伴有非线性特性。例如，石油化工产品生产过程中的精馏塔、化学反应器、流体传输设备；热工产品生产过程中的热炉、热交换器；冶金产品生产过程中的平炉、转炉；机械产品生产过程中的热处理过程等。有些生产过程的工作机理复杂，人们认识所限，因此很难求得其精确的动态数学模型，要设计能完全适应各种过程的最佳控制系统是比较困难的。

3）控制方案的多样性。随着现代工业生产的迅速发展，生产工艺条件变得越来越复杂，对过程控制的要求也越来越高。同时，由于被控过程的多样性，为了满足生产要求，因此过程控制中的控制方案十分丰富。通常有单变量控制系统，也有多变量控制系统；有常规仪表控制系统，也有计算机集散控制系统；有提高控制品质的控制系统，也有实现特定要求的控制系统。

4）控制过程多是慢过程，而又多是参量控制。由于被控过程具有大惯性、大时延（滞后）等特点，所以决定了过程控制的控制过程是一个慢过程。在石油、化工、冶金、电力、轻工、建材、制药等生产过程中，常常用一些物理量和化学量来表征其生产过程是否正常。因此需要对表征其生产过程的温度、压力、流量、液位、成分等过程参量进行自动检测和自动控制，所以说，过程控制多半为参量控制。

5）定值控制是过程控制的一种主要控制形式。过程控制的主要目的是如何减小或消除外界扰动对被控量的影响，使被控量能控制在给定值上，使生产稳定，从而达到优质、高产、低消耗的目的。所以定值控制是过程控制的一种主要控制形式。

## 6.1.3　过程控制系统的过渡过程及性能指标

### 1. 控制系统的过渡过程

控制系统在受到各种扰动和控制作用下，被控变量发生变化，同时控制系统的调节器产生控制作用，克服扰动对被控变量影响，使被控变量重新回到给定值范围内稳定下来。这个被控变量从变化到稳定的整个调节过程就是自动控制系统的过渡过程，它实际上是从一个平衡态到另一个平衡态的动态变化过程。

（1）系统的静态与动态　静态是指系统被控变量不随时间变化的平衡稳态。从生产要求和控制角度都希望被控变量保持设定值不变的相对稳定的平衡状态，此时系统各组成环节（测量变送器、调节器、执行器等）都保持原先的状态。静态是指各参数（或信号）的变化率为零，即参数保持不变。因为系统处于静态时，生产还在进行，物料和能量仍有进有出，只是平稳进行没有改变，此时系统就达到了平衡状态。

动态是指被控变量随时间不断变化的不平衡状态。当输入发生变化或有扰动时，系统的平衡状态就会被破坏，系统的各环节（测量变送器、调节器、执行器等）输出也改变了原来的状态，调节器产生控制作用来不断克服干扰产生的影响，使控制系统恢复达到平衡。整个系统及各环节参数都处于变化的动态之中，直到系统重新建立新的平衡。了解系统的静态是必要的，了解系统的动态更为重要。因为在生产过程中，扰动是客观存在，且是不可避免的。这些扰动是破坏系统平衡状态、引起被控量发生变化的外界因素，因此就需要通过自动控制装置，不断地施加调节作用去抵消扰动作用的影响，从而使被控量保持在生产需要控制的技术指标上。

（2）自动控制系统的过渡过程

1）输入信号的形式。在实际生产过程中，扰动大多数是随机发生的，扰动的形式千差万别，幅度和周期也各不相同，不同的扰动对工艺生产和系统的影响也不同。在分析和设计自动控制系统时，为了便于分析和研究系统的特性，常常选择一些典型的输入信号。常用的典型输入信号有阶跃信号、斜坡信号、正弦波信号和脉冲信号等，如图6-4所示。

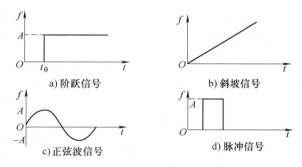

图6-4　典型输入信号

阶跃信号从 $t=t_0$ 时刻起由原来的数值突然变到另一数值上，且保持此幅值一直不变。阶跃信号作用比较突然，对被控变量影响较大。设计控制系统时，希望能够及时有效地克服阶跃信号作为干扰的影响。阶跃信号的形式简单，容易实现。在分析与设计系统时，阶跃信号是分析系统性能指标时最常用的一种输入信号。

2）控制系统过渡过程的形式。分析自动控制系统在阶跃扰动作用下的过渡过程变化曲线，归纳为5种形式，如图6-5所示。

① 单调发散：控制系统在受到阶跃扰动作用下，不能使被控变量回到设定值，反而会使其越来越偏离设定值，以致被控变量超过允许范围。被控变量单向变化不能稳定在规定范围内，这样的过渡过程称为单调发散过程，如图6-5a所示。这种发散过程是一个不稳定的过程，定值控制系统不允许出现发散过渡过程。

② 发散振荡：被控变量在阶跃扰动作用下偏离给定值来回波动振荡，且振荡幅度越来越大，超出规定范围的过渡过程称为发散振荡过程。这也是一个不稳定的过程，如图6-5b所示。

③ 等幅振荡过程：被控变量在阶跃扰动作用下在给定值附近作上下波动，振荡幅值保持不变的过渡过程称为等幅振荡过程，如图6-5c所示。等幅振荡过程也是不稳定的，在某些生产过程中，如果振荡的幅值不超过工艺生产所允许的范围，这种过渡过程还是允许的。

④ 单调衰减过程：系统在受阶跃扰动作用下，被控变量在给定值某一侧作缓慢变化，当达到最大偏差数值后逐渐衰减，最后又重新回到给定值或稳定在某一数值上的过渡过程称为单调衰减过程，如图6-5d所示。可见它是一个稳定的过程。

⑤ 衰减振荡过程：系统在阶跃扰动作用下，被控变量在偏离给定值后上下来回振荡，且振荡幅度逐渐减小，最终稳定在某一数值上的过程称为衰减振荡过程，如图6-5e所示。这种过渡过程是一个稳定的过程，其特点是变化趋势明显、过渡时间短、易观察、控制及时等，所以自控系统常采用这种过渡过程作为分析系统的品质指标。

**2. 自动控制系统的性能指标**

控制系统过渡过程的变化曲线是衡量一个系统性能的重要依据，通常希望系统既有充分的快速性，又有足够的稳定性和准确性。多数控制系统能得到一个衰减振荡过程。对于不同

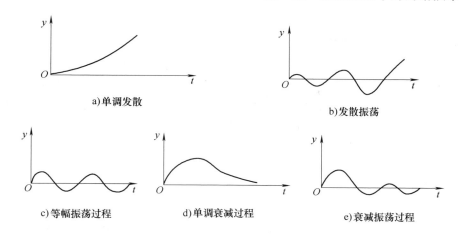

图 6-5　阶跃扰动作用下的过渡过程曲线

的衰减振荡过程曲线，性能品质也可能是不相同的。这需要合理设计控制系统，使其具有衰减振荡过程。为了合理地评价衰减振荡型过渡过程的性能，提出了如下控制系统过渡过程的性能指标。设控制系统最初处于平衡状态，且被控变量等于给定值。图 6-6 为控制系统在阶跃信号作用下被控变量变化的衰减振荡过程曲线。下面使用衰减振荡过程的一些性能指标来评价一个控制系统的调节作用。

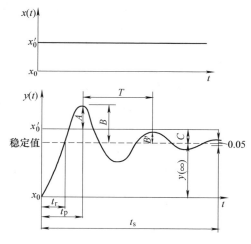

图 6-6　衰减振荡曲线

1）最大偏差 $A$（或超调量 $B$）。最大偏差是指在控制过程中被控变量偏离给定值的最大值，即第一个波峰值与给定值的差值，常用 $A$ 表示。被控变量达到第一个峰值的时间（称为峰值时间 $t_p$）和高度是衡量系统过渡过程稳定性的一个重要动态指标。对控制系统性能而言，一般要求最大偏差越小越好。有时在给定值变化情况下，用超调量来表示被控变量偏离设定值的最大程度。它的定义是第一波峰值与被控变量的最终新稳态值之间的差值，即用图 6-6 中的 $B$ 表示。如果新稳态值等于原稳态值，则最大超调量 $B$ 就等于最大偏差 $A$。设计控制系统时，超调量越小，质量越高。

2）余差 $C$。余差也称残余偏差，是指控制系统过渡过程结束时，被控变量新的稳态值与给定值之间的差值，此值可正可负，图 6-6 中用 $C$ 表示。它表明了系统克服干扰回到原来给定值的能力大小，是反映系统准确性的重要指标。余差的幅值与系统的放大倍数及输入信号的幅值有关。对定值系统，余差越小，控制精度越高。但在实际工程中，对余差不能片面追求过高的指标，只要满足工艺规定和要求的允许范围就可以了。

3）衰减比 $\eta$。衰减比是衡量过渡过程稳定性的另一个动态指标，它是指过渡过程第一个波峰值与同方向上相邻的第二个波峰值之比，常用 $\eta$ 表示。衰减比表示衰减振荡过程的衰减程度。对发散振荡而言，$\eta < 1$，系统不稳定；对衰减振荡而言，$\eta > 1$，系统稳定；等

幅振荡则 $\eta = 1$。生产实际操作经验表明，为保持有足够稳定裕度，且过渡过程有两个波振荡，一般取 $\eta = 4 \sim 10$ 比较合适。

4）过渡时间 $t_s$（调整时间）。过渡时间表示过渡过程所经历的时间长短，也就是从阶跃信号作用和调节作用后被控变量变化而又达到新稳态值所需的时间，又称为调节时间。理论上说，被控变量完全达到新的稳定状态需要无限长的时间。但实际上由于自动化仪表灵敏度所限，在被控变量接近新稳态值时，指示值就基本不再变化了。因此规定，当被控变量上下波动在一个小范围内变化而不再超出时，便可认为被控变量已达到新稳态值，过渡过程已结束。这个范围常常定为偏离新稳定值的 ±5% 或 ±2% 的区域内。过渡时间短，表示控制系统的过渡过程快，控制质量高。在设计和整定系统时，过渡时间越短越好，它是反映控制快速性的动态指标。

5）上升时间 $t_r$。上升时间指系统在阶跃信号作用后，对于振荡系统，被控变量开始从零变化上升到第一次达到稳态值时所经过的时间，如图 6-6 中 $t_r$ 所示。它表示调节作用快慢。一般在分析和设计系统时，希望上升时间越短越好。

6）振荡周期 $T$。振荡周期是指过渡过程从第一个波峰到同向相邻波峰之间的时间。如图 6-6 中 $T$ 所示。在衰减比相同条件下，周期与过渡时间成正比。周期的倒数称为振荡频率，用 $Z$ 表示。显然，周期以短为好，振荡频率越高，过渡时间越短，因此振荡频率也可作为衡量控制过程快速性的品质指标。

综上所述，对比较理想的定值控制系统，在设计和整定参数时，希望被控变量为衰减振荡过程，控制系统余差为零，最大动态偏差越小越好，过渡时间越短越好，衰减比为 $\eta = 4 \sim 10$。但是，这些指标在不同的系统中有各自的重要性，且相互之间矛盾，又有内在联系，要高标准地同时满足几个控制性能指标是很困难的。

### 6.1.4 过程控制系统的发展概况

过程控制，作为自动控制理论在工业过程控制中的应用，与控制理论一样古老。从某种意义上说，过程控制是从工业生产实际出发而开发的自动控制方法与技术。在工业生产过程中，通常需要测量和控制的变量有温度、压力、流量、液位、重量、电量（电流、电压、功率）和成分等。这些变量的测量和控制随着电子技术、计算机技术以及测量技术的不断发展，其基本测量原理虽然变化不大，但是信号转换、显示和控制装置的变化十分迅速。近60 年来，自动化仪表从气动到电动，从现场控制到中央控制室控制，从仪表屏操作到计算机操作站，从模拟信号到数字信号，取得惊人的变化。

20 世纪 50 ~ 60 年代，一些工厂企业实现了仪表化与局部自动化，这是过程控制发展的第一个阶段。这个阶段的主要特点是：检测和控制仪表主要采用基地式仪表和部分单元组合仪表（多数是气动仪表），组成单输入-单输出的单回路定值控制系统，对生产过程的热工参数，如温度、压力、流量和液位进行自动控制。控制目的是保持这些参数的稳定。过程控制系统的设计、分析的理论基础是以频率法和根轨迹法为主体的经典控制理论。

20 世纪 60 ~ 70 年代，由于工业生产的不断发展，对过程控制提出了新的要求。电子技术的发展也为生产过程自动化的发展提供了完善的条件，过程控制的发展进入第二个阶段，即综合自动化阶段。在这个阶段，出现了一个车间乃至一个工厂的综合自动化。其主要特点是：大量采用单元组合仪表（包括气动和电动）和组装式仪表。同时，电子计算机开始应用于过程控制领域，实现直接数字控制（DDC）和设定值控制（SPC）。在系统结构方面，为提高控制质量与实现一些特殊的控制要求，相继出现了各种复杂控制系统，例如，串级、比值、均匀和前馈-反馈控制等。在过程控制理论方面，除了采用经典控制理论外，开始应用现代控制理论以解决实际生产过程中遇到的更为复杂的问题。

20 世纪 70 年代以来，过程控制技术进入了飞速发展阶段，实现了全盘自动化。微型计算机（以下简称微机）广泛应用于过程控制领域，对整个工艺流程，全工厂，乃至整个企业集团公司进行集中控制和经营管理，以及应用多台微机对生产过程进行控制和多参数综合控制，是这一阶段的主要特点。在检测变送方面，除了热工参数的检测变送以外，黏度、湿度、pH 值及成分的在线检测与数据处理的应用日益广泛。模拟过程检测控制仪表的品种、规格增加，可靠性提高，具有安全火花防爆（DDZ-Ⅲ）性能，可用于易燃易爆场合。以微处理器为核心的单元组合仪表正向着微型化、数字化、智能化和具有通信能力方向发展。过程控制系统的结构方面，也从单参数单回路的仪表控制系统发展到多参数多回路的微机控制系统。微机控制系统的发展经历了直接数字控制、集中控制、分散控制和集散控制几个发展阶段。

20 世纪 90 年代至今，又出现了现场总线控制系统（Fieldbus Control System，FCS），它是继计算机技术、网络技术和通信技术得到迅猛发展后，与自动控制技术和系统进一步结合的产物。它的出现使控制系统中的基本单元——各种仪表单元也进入了网络时代，从而改变了传统回路控制系统的基本结构和连接方式。现场总线控制系统是一种全分散、全数字化、智能化、双向、互联、多变量、多点和多站的通信和控制系统。它的出现给过程控制系统带来了一次全新的革命性的变化，是过程控制系统的发展方向。

## 6.2　过程控制系统的数学模型

### 6.2.1　被控过程的数学模型

要分析一个控制系统的动态特性，首先是要建立合理、实用的数学模型，建立控制系统的数学模型是研究控制系统的内容之一。所谓数学模型是所研究控制系统的动态特性的数学表达式，或者更具体地说，是系统输入作用与输出作用之间的数学表达式。

一个过程控制系统由被控过程和检测控制仪表两部分组成。因此，系统的控制品质取决于被控过程和检测控制仪表的特性。由于过程控制仪表的特性研究得比较多，而且变化很少。因此，系统控制品质的优劣，主要取决于对生产工艺过程的了解和建立被控过程的数学模型。

**1. 建立被控过程数学模型的目的**

归纳起来，建立被控过程数学模型的目的主要有下列几点：

1）设计过程控制系统和整定调节器的参数。

2）指导生产工艺及其设备的设计。

3）对被控过程进行仿真研究。

对建立被控过程数学模型的具体要求，因其用途不同而异，但总的来说一是应该尽量简单，二是应该准确可靠。

**2. 被控过程数学模型的类型**

在过程控制系统中，被控过程是指正在运行中的各种工艺生产设备，被控过程的数学模型是指被控过程在各输入量（包括控制量和扰动量）作用下，其相应的输出量（被控量）变化函数关系的数学表达式。

控制系统的数学模型有两种表达方式，一是用曲线或数据表格表示，称为非参量形式；二是用数学方程表示，称为参量形式。参量形式表示的数学模型常用微分方程（或差分方程）、传递函数、状态方程等形式来描述。

图 6-7 为过程控制系统框图，被控过程是多个输入量 $q(t)$，$f_1(t)$，$f_2(t)$，…，$f_n(t)$，单个输出量 $y(t)$ 的物理系统。各个输入量引起被控量变化的动态特性是不同的，通常选择一个可控性良好的输入量作为控制量，即调节阀的输出 $q(t)$ 为控制量。控制量 $q(t)$ 也称为内部扰动或基本扰动，由于其作用于闭合回路内，对系统的质量指标起决定性作用。其余输入量称为外部扰动，对系统性能也有很大影响，因此也必须有所了解。

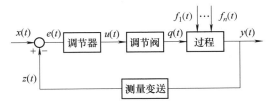

图 6-7　过程控制系统框图

被控过程的输入量与输出量之间的信号联系称为通道。控制量与被控量之间的信号联系称为控制通道。外部扰动与被控量之间的信号联系称为扰动通道。

建立过程数学模型的方法，通常采用：

（1）解析法　解析法又称为机理演绎法。它根据过程的内在机理，运用已知的静态和动态物料（能量）平衡关系，用数学推理的方法建立过程的数学模型。

（2）实验辨识法　实验辨识法又称为系统辨识与参数估计法。该法是根据过程输入、输出的实验测试数据，通过过程辨识和参数估计建立过程的数学模型。

（3）混合法　即用上述两种方法的结合建立过程的数学模型。首先通过机理分析确定过程模型的结构形式，然后利用实验测试数据来确定模型中各参数的大小。

## 6.2.2　解析法建立过程的数学模型

如前所述，根据过程的内在机理，通过静态与动态物料（能量）平衡关系，用数学推导法建立过程的数学模型，称为解析法建模。解析法建模的原理和方法，同样适用于过程控制系统的建模。

静态物料（能量）平衡是指在单位时间内进入被控过程的物料（能量）等于单位时间内从被控过程流出的物料（能量）。

动态物料（能量）平衡是指单位时间内流入被控过程的物料（能量）与流出被控过程的物料（能量）之差等于被控过程内物料（能量）储存量的变化量。

**1. 单容过程的建模**

单容过程是指只有一个储蓄容量的过程。单容过程又可分为自衡单容过程和无自衡单容过程。对大多数被控过程，其阶跃响应的特点是被控量的变化是单调无振荡、有时延和惯性的，如图 6-8 所示。

所谓自衡过程，是指被控过程在扰动作用下，平衡状态被破坏后，无需操作人员或仪表的干预，依靠自身能够恢复平衡的过程。而无自衡过程，是指被控过程在扰动作用下，其平衡状态被破坏后，若无操作人员或仪表的干预，依靠其自身的能力不能重新恢复平衡的过程。

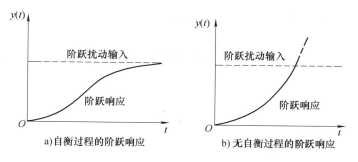

图 6-8　被控过程的阶跃响应

**［例 6-1］**　图 6-9 所示为单容液位过程，液位高度 $h$ 为被控量，液体体积流量 $Q_1$ 为被控过程的控制量，改变调节阀 1 的开度可改变 $Q_1$，体积流量 $Q_2$ 为负荷量，它取决于用户需要，其大小可通过阀门 2 的开度来改变。试建立该过程的数学模型。

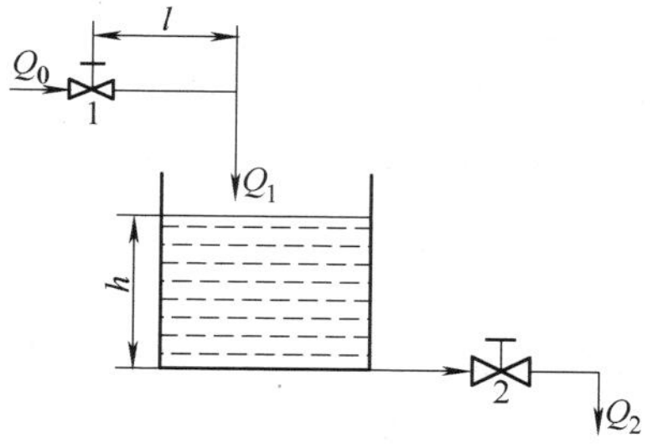

**解：**被控过程的数学模型就是 $h$ 与 $Q_1$ 之间的数学表达式。根据动态物料（能量）平衡关系，有

$$Q_1 - Q_2 = A\frac{\mathrm{d}h}{\mathrm{d}t} \tag{6-1}$$

图 6-9　单容液位过程

写成增量形式

$$\Delta Q_1 - \Delta Q_2 = A\frac{\mathrm{d}\Delta h}{\mathrm{d}t} \tag{6-2}$$

式中，$\Delta Q_1$、$\Delta Q_2$ 和 $\Delta h$ 分别为偏离某平衡状态 $Q_{10}$、$Q_{20}$ 和 $h_0$ 的增量；$A$ 为储罐的截面积，设为常量。

静态时应有 $Q_1 = Q_2$，$\mathrm{d}h/\mathrm{d}t = 0$。$Q_1$ 发生变化，液位 $h$ 也随之变化，使储罐出口处的静压力发生变化，因此，$Q_2$ 也发生变化。设 $Q_2$ 与 $h$ 近似成线性关系，则

$$\Delta Q_2 = \frac{\Delta h}{R_2} \tag{6-3}$$

式中，$R_2$ 为阀门 2 的阻力系数，称为液阻。将式（6-3）代入式（6-2），经整理可得微分方程为

$$R_2 A\frac{\mathrm{d}\Delta h}{\mathrm{d}t} + \Delta h = R_2 \Delta Q_1 \tag{6-4}$$

上式经拉普拉斯变换后，得单容液位过程的传递函数为

$$W_0(s) = \frac{H(s)}{Q_1(s)} = \frac{R_2}{R_2 Cs + 1} = \frac{K_0}{T_0 s + 1} \tag{6-5}$$

式中，$K_0$ 为过程的放大系数，$K_0 = R_2$；$T_0$ 为过程的时间常数，$T_0 = R_2 C$；$C$ 为过程的容量系数，或称为过程容量，此处 $C = A$。

被控过程都具有一定储存物料或能量的能力，其储存能力的大小，称为容量或容量系数。其物理意义是：引起单位被控量变化时被控过程储存量变化的大小。

在过程控制中，常会碰到过程的纯时延问题。例如，物料的传送带输送过程，管道输送过程等。图 6-9 中，若以体积流量 $Q_0$ 为过程的输入量（控制量），则阀门 1 的开度变化后，$Q_0$ 需流经长度为 $l$ 的管道后才能进入储罐，使液位发生变化。设 $Q_0$ 流经长度为 $l$ 的管道所

需时间为 $\tau_0$，$\tau_0$ 称为纯时延时间。具有纯时延的过程的微分方程表达式为

$$R_2A\frac{\mathrm{d}\Delta h}{\mathrm{d}t}+\Delta h=R_2\Delta Q_0\left(t-\tau_0\right) \tag{6-6}$$

写成传递函数形式

$$W_0\left(s\right)=\frac{H\left(s\right)}{Q_0\left(s\right)}=\frac{K_0}{T_0s+1}\mathrm{e}^{-\tau_0s} \tag{6-7}$$

图 6-10 表示出了该单容液位过程的阶跃响应曲线。图 6-10a 为无时延过程，图 6-10b 为有纯时延过程。由图可见，阶跃响应曲线形状相同，但图 6-10b 曲线滞后了 $\tau_0$ 一段时间。

[**例 6-2**] 图 6-11a 所示为无自衡能力单容液位过程，将图 6-9 中储罐出口阀门 2 换成定量泵，即 $Q_2$ 不变，因此流出量 $Q_2$ 与 $h$ 无关。试求被控量 $h$ 与控制量 $Q_1$ 的关系。

**解**：根据能量动态平衡关系得

$$Q_1-Q_2=C\frac{\mathrm{d}h}{\mathrm{d}t} \tag{6-8}$$

由于输出量 $Q_2$ 在任何情况下都保持不变，故 $\Delta Q_2=0$，若 $Q_1$ 有增量 $\Delta Q_1$，则 $h$ 有增量 $\Delta h$。式（6-8）写成增量形式为

$$C\frac{\mathrm{d}\Delta h}{\mathrm{d}t}=\Delta Q_1 \tag{6-9}$$

上式经拉普拉斯变换后，得传递函数为

$$W_0\left(s\right)=\frac{H\left(s\right)}{Q_1\left(s\right)}=\frac{1}{Cs}=\frac{1}{T_as} \tag{6-10}$$

式中，$T_a$ 为过程的时间常数，$T_a=C$；$C$ 为储罐的容量系数。

图 6-11b 为该过程的阶跃响应曲线。由图可见，当输入量 $Q_1$ 发生阶跃扰动后，输出量将无限制地变化下去。由于 $Q_1$ 变化后，$h$ 随之变化，但 $Q_2$ 不变，这就意味着液位 $h$ 要么一直上升，直至溢出，要么一直下降，直至罐内液体被抽干。

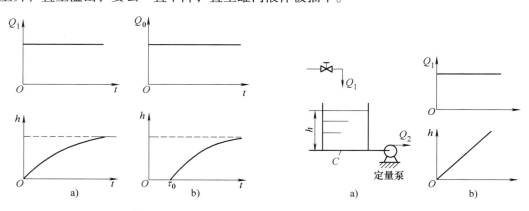

图 6-10 单容过程阶跃响应　　　　图 6-11 单容无自衡液位过程及响应曲线

**2. 多容过程的建模**

在过程控制中，往往碰到由多个容积和阻力件构成的被控过程，称为多容过程。下面仅讨论双容过程的建模方法。

[**例6-3**]　图6-12所示为有自衡能力双容过程及其阶跃响应曲线。以 $h_2$ 为被控参数，$Q_1$ 为控制参数。试建立该过程的数学模型。

**解**：根据动态物料平衡关系，用与例6-1相同的分析方法，可列出下列增量方程：

对水箱1

$$\Delta Q_1 - \Delta Q_2 = C_1 \frac{\mathrm{d}\Delta h_1}{\mathrm{d}t} \qquad (6\text{-}11)$$

$$\Delta Q_2 = \frac{\Delta h_1}{R_2} \qquad (6\text{-}12)$$

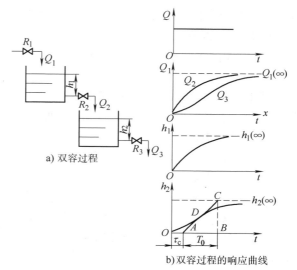

a) 双容过程

b) 双容过程的响应曲线

图 6-12　双容过程及其响应曲线

对水箱2

$$\Delta Q_2 - \Delta Q_3 = C_2 \frac{\mathrm{d}\Delta h_2}{\mathrm{d}t} \qquad (6\text{-}13)$$

$$\Delta Q_3 = \frac{\Delta h_2}{R_3} \qquad (6\text{-}14)$$

式中，$C_1$ 和 $C_2$ 分别为水箱1和水箱2的容量系数；$R_2$ 和 $R_3$ 分别为阀2和阀3的液阻。从式（6-11）～式（6-14）中消去 $\Delta h_1$、$\Delta Q_2$ 和 $\Delta Q_3$，并整理得

$$C_1 C_2 R_2 R_3 \frac{\mathrm{d}^2 \Delta h_2}{\mathrm{d}t^2} + (C_1 R_2 + C_2 R_3) \frac{\mathrm{d}\Delta h_2}{\mathrm{d}t} + \Delta h_2 = R_3 \Delta Q_1 \qquad (6\text{-}15)$$

上式中，令 $T_1 = C_1 R_2$，$T_2 = C_2 R_3$，则得

$$T_1 T_2 \frac{\mathrm{d}^2 \Delta h_2}{\mathrm{d}t^2} + (T_1 + T_2) \frac{\mathrm{d}\Delta h_2}{\mathrm{d}t} + \Delta h_2 = R_3 \Delta Q_1 \qquad (6\text{-}16)$$

对上式进行拉普拉斯变换，并整理后得传递函数为

$$W_0(s) = \frac{H_2(s)}{Q_1(s)} = \frac{R_3}{(T_1 s + 1)(T_2 s + 1)} = \frac{K_0}{(T_1 s + 1)(T_2 s + 1)} \qquad (6\text{-}17)$$

式中，$K_0$ 为过程的放大系数，$K_0 = R_3$；$T_1$ 为水箱1的时间常数；$T_2$ 为水箱2的时间常数。

可见，该液位过程为二阶过程，其阶跃响应曲线如图6-12b所示。由图可见，当输入量 $Q_1$ 有阶跃变化时，多容过程的被控参数 $h_2$ 的变化速度并不一定开始就最大，而是要经过一段延时时间后才达到最大值。这一段延时时间称为容量延时，这是由于两个容积之间存在阻力，使得 $h_2$ 的响应时间推移的缘故。

# 6.3　过程控制系统的基本控制规律

## 6.3.1　基本控制规律

所谓控制规律，就是指控制器输出的变化量 $\Delta p(t)$ 随输入偏差 $e(t)$ 变化的规律。控制规律的描述通常有表达式和阶跃响应曲线两种方式。其中阶跃响应曲线反映的是在阶跃偏差作用下，控制器的输出变化量随时间的变化规律。特别注意阶跃响应曲线与前面提到的过渡过程曲线之间的关系（过渡过程曲线是指在阶跃偏差作用下，被控变量随时间变化的情况）。控制器的控制规律与控制器的原理、结构无关，因此可以抛开控制器而单独来研究控制规律。

基本控制规律有位式控制、比例控制（P）、积分控制（I）和微分控制（D）等。在实际应用中，更多应用的是 P、I、D 的某种组合，如 PI 控制、PID 控制等。

**1. 位式控制**

位式控制中最常用的是双位控制，其控制规律如图 6-13 所示。当测量值大于给定值时，控制器的输出为最大（或最小）；当测量值小于给定值时，控制器的输出为最小（或最大）。控制器只有两个输出值，相应的执行机构只有开和关两个极限位置，因此又称为开关控制。

在实际双位控制系统中，由于执行机构开关动作非常频繁，通常系统中的运动部件（继电器、电磁阀等）因此而被损坏，使得实际的双位控制具有一个中间区。其控制特性如图 6-14 所示。

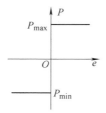
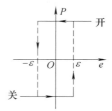

图 6-13　理想双位控制特性　　　　图 6-14　实际双位控制特性

双位控制由于具有结构简单、成本较低、易于实现等优点，在工业生产的液位控制、压力控制和温度控制等系统中得到了广泛的应用。

**2. 比例控制（P）**

（1）比例控制规律　是指控制器输出的变化量与被控变量的偏差成比例的控制规律。其输入/输出关系可表示为

$$\Delta p\,(t) = K_{\mathrm{p}}e\,(t) \tag{6-18}$$

式中，$K_{\mathrm{p}}$ 为控制器的比例放大倍数。

从图 6-15 所示的响应曲线可以看出，在偏差 $e\,(t)$ 一定时，比例放大倍数 $K_{\mathrm{p}}$ 越大，控制器输出值的变化量 $\Delta p\,(t)$ 就越大，比例作用就越强，即 $K_{\mathrm{p}}$ 是衡量比例控制作用强弱的参数。

（2）比例度 $\delta$　在工业仪表中，习惯用比例度 $\delta$ 来描述比例控制作用的强弱，其定义为

$$\delta = \dfrac{\dfrac{e}{z_{\max} - z_{\min}}}{\dfrac{\Delta p}{P_{\max} - P_{\min}}} \times 100\%$$

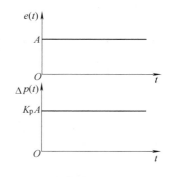

图 6-15　比例控制阶跃响应曲线

式中，$z_{\max} - z_{\min}$ 是控制器输入信号的变化范围，即量程；$P_{\max} - P_{\min}$ 是控制器输出信号的变化范围。

显然，当输出 $\Delta p$ 变化满量程时，$\Delta p = P_{max} - P_{min}$，此时

$$\delta = \frac{e}{z_{max} - z_{min}} \times 100\%$$

因此，比例度可以理解为：要使输出信号作全范围的变化，输入信号必须改变全量程的百分之几。图 6-16 更为直观地显示了比例度与输入、输出的关系。

在单元组合仪表中，控制器的输入和输出是一样的标准信号，即：

$z_{max} - z_{min} = P_{max} - P_{min}$，所以 $\delta = \frac{e}{\Delta p} \times 100\% = \frac{1}{K_p} \times 100\%$。可见，在单元组合仪表中，比例度 $\delta$ 与比例放大倍数 $K_p$ 互为倒数。因此，控制器的比例度越小，比例放大倍数就越大，比例控制作用就越强，反之亦然。

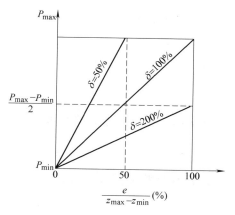

图 6-16 比例度与输入输出关系

在控制器上有专门的比例度旋钮，以实现比例度的设置。

（3）比例控制规律的特点 由式（6-18）和图 6-15 可知，在偏差 $e$ 产生的瞬间，控制器立即产生 $K_p e$ 的输出，这说明比例控制作用及时。同时，为了克服扰动的影响，控制器必须要有控制作用，即其输出要有变化量，而对于比例控制来讲，只有在偏差不为零时，控制器的输出变化量才不为零，这说明比例控制会永远存在余差。所以说，比例控制的精度不高。

### 3. 比例积分控制（PI）

（1）积分控制规律 是指控制器输出的变化量与被控变量偏差的积分成比例的控制规律。积分作用的输入/输出关系可表示为

$$\Delta p(t) = K_i \int e(t) \mathrm{d}t \qquad (6-19)$$

式中，$K_i$ 是积分速度。

当输入为阶跃信号时，如 $e = A$，则有 $\Delta p(t) = K_i A t$，其阶跃响应曲线如图 6-17 所示。显然，这是一条斜率不变的直线，其斜率就是积分速度 $K_i$，$K_i$ 越大，积分作用就越强。

而在实际的控制器中，常用 $T_i$ 来表示积分作用的强弱，在数值上，$T_i = 1/K_i$。显然，$T_i$ 越小，$K_i$ 就越大，积分作用就越强，反之亦然。在控制器上，有专门的积分时间旋钮，用来设置积分时间。

（2）积分控制规律的特点 由式（6-19）和图 6-17 可见，偏差产生的瞬间，积分输出的变化量为零，随后逐渐累积。显然，积分作用总是滞后于偏差的出现，说明积分控制不及时。而且，积分控制输出的变化量不仅与输入偏差的大小有关，还与偏差存在的时间长短有关。只要偏差存在，控制器的输出就不断变化，

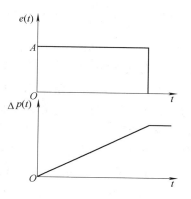

图 6-17 积分控制阶跃响应曲线

而且偏差存在的时间越长，输出信号的变化量也越大，直到控制器的输出达到极限（积分饱和）为止。即只有在偏差信号等于零时，控制器的输出才能稳定。因此积分控制能消除余差。

由于积分控制不及时，所以积分作用不能单独使用。在实际应用中，总是将比例、积分结合起来，使两者互补。

（3）比例积分控制规律　比例积分作用的输入/输出关系表达式为

$$\Delta p \left( t \right) = K_{\mathrm{p}} e \left( t \right) + \frac{K_{\mathrm{p}}}{T_{\mathrm{i}}} \int_{0}^{t} e \left( t \right) \mathrm{d} t$$

当 $e \left( t \right) = A$（阶跃信号）时

$$\Delta p \left( t \right) = K_{\mathrm{p}} A \left( 1 + \frac{t}{T_{\mathrm{i}}} \right) \tag{6-20}$$

PI 的阶跃响应曲线如图 6-18 所示。

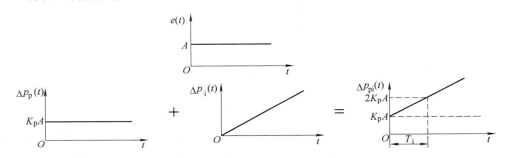

图 6-18　比例积分控制阶跃响应曲线

由式（6-20）可知，当 $t = T_{\mathrm{i}}$ 时，$\Delta p \left( T_{\mathrm{i}} \right) = 2 K_{\mathrm{p}} A$。即从产生阶跃偏差开始，到 PI 控制器的输出达到比例输出的 2 倍时所经历的时间就是积分时间 $T_{\mathrm{i}}$。实际工作中，通常用这一方法测定 $T_{\mathrm{i}}$ 的大小。

**4. 比例积分微分控制（PID）**

（1）微分控制规律　是指控制器输出的变化量与偏差变化速度成正比的控制规律。微分控制的输入输出关系可表示为

$$\Delta p \left( t \right) = T_{\mathrm{d}} \frac{\mathrm{d} e \left( t \right)}{\mathrm{d} t} \tag{6-21}$$

式中，$T_{\mathrm{d}}$ 是微分时间；$\mathrm{d} e \left( t \right) / \mathrm{d} t$ 是偏差的变化速度。

显然，当偏差为阶跃信号时，控制器的输出为无穷大，而其他时间均为零，响应曲线如图 6-19 所示。但由于任何元件都存在惯性，所以这种突变的规律在仪表上是不能实现的，所以称为理想微分规律。

由式（6-21）可知，$T_{\mathrm{d}}$ 越大，控制器的输出也越大，微分作用就越强，反之亦然。因此说 $T_{\mathrm{d}}$ 可以表示微分作用的强弱。在控制器上，有专门的微分时间旋钮，可以实现微分时间的设置。

（2）微分规律的特点　由式（6-21）和图 6-19

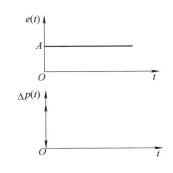

图 6-19　理想微分控制阶跃响应曲线

可知，当偏差发生变化的瞬间，微分控制输出的变化量会很大，实施强有力的控制，从而遏制偏差的变化。所以说，微分规律具有超前控制作用。同时，还可以看出，当偏差不变化时，不管偏差有多大，微分作用的输出变化都为零。所以微分作用不能消除余差。

微分规律的特点，决定了微分规律不能单独使用，它通常与比例、积分规律配合。同时，因为理想微分在仪表上不能实现，所以多使用实际的比例微分与比例积分微分规律。

（3）实际的比例微分控制规律　当输入偏差为阶跃信号时，实际的比例微分规律的输入输出关系为：$\Delta p(t) = K_{p}A + K_{p}A(K_{d} - 1)e^{(-K_{d}/T_{d})t}$。式中 e 为自然对数底；$K_{d}$ 为微分增益（微分放大倍数），为常数。

可见，当 $t = 0$ 时，$\Delta p(0) = K_{p}K_{d}A$；当 $t$ 增加时，$\Delta p(t)$ 按指数规律下降；当 $t = \infty$ 时，$\Delta p(\infty) = K_{p}A$。

由图 6-20 比例微分的阶跃响应曲线可见，在偏差产生的瞬间，微分作用最强，此后越来越弱，稳态时，微分作用消失，只剩比例作用。

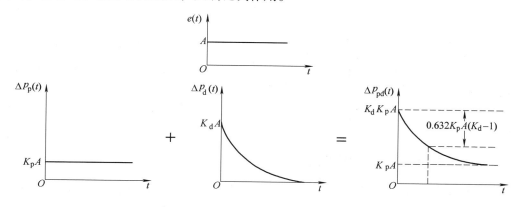

图 6-20　实际比例微分阶跃响应曲线

图中，当 $t = T_{d}/K_{d} = \tau$ 时，$\Delta p(t) = K_{p}A + 0.368K_{p}A(K_{d} - 1)$
$$= K_{p}K_{d}A - 0.632K_{p}A(K_{d} - 1)$$

式中，$\tau$ 是微分时间常数。微分时间 $T_{d} = \tau K_{d}$。实际工作中，通常用这一方法测定 $T_{d}$ 的大小。

（4）比例积分微分控制规律　PID 三作用的输入/输出关系为

$$\Delta p(t) = K_{p}\left[e(t) + \frac{1}{T_{i}}\int e(t)\mathrm{d}t + T_{d}\frac{\mathrm{d}e(t)}{\mathrm{d}t}\right]$$

可见，PID 控制规律是 P、I、D 三种作用的综合结果，其阶跃响应曲线如图 6-21 所示。

由图 6-21 可见，当阶跃输入开始时，微分作用的变化最大，它叠加在比例作用上，使总输出大幅度变化，产生一个强烈的控制作用。然后微分作用逐渐消失，积分作用逐渐占主导地位，直到余差完全消失，积分才不再变化，而比例作用贯穿始终，是基本的控制作用。

不同的控制规律适用于不同的生产过程，若控制规律选择不当，不但起不到控制作用，反而会造成控制过程剧烈振荡而导致事故发生。所以了解、运用好控制规律是十分重要的。

**5. 数字 PID 控制**

前面介绍的是常规 PID 控制规律，它是模拟的、连续的控制。而在计算机控制系统中使用的都是数字 PID 控制，是离散的控制，在一个采样周期内控制作用只能动作一次。它既有常规 PID 控制的特点，又适应了数字控制系统的要求。

图 6-22 所示为数字和模拟 P、I、D 三作用的比较。

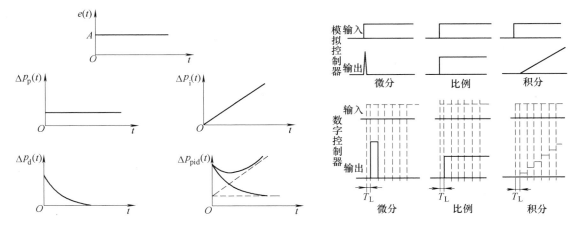

图 6-21　PID 控制阶跃响应曲线　　　　图 6-22　数字和模拟 P、I、D 作用比较

由图可见，模拟控制的变化是连续的，而数字控制仅当采样时才有变化。同时可以看出，在 $0 \sim T$（采样周期）之间有明显的滞后作用。通常，采样周期是足够短的，否则将引起计算误差。另外，针对不同的情况，数字 PID 还有一定的改进，但依然具有 $\delta$、$T_i$、$T_d$ 这 3 个参数。

## 6.3.2　控制器参数对过渡过程的影响

由前面的分析知道，$\delta$、$T_i$、$T_d$ 这 3 个参数分别反映了比例、积分、微分作用的强弱。而控制作用的强弱直接影响着系统的过渡过程，即影响了控制的质量。

### 1. $\delta$ 对过渡过程的影响

如图 6-23 所示，$\delta$ 越小，比例作用越强。效果是最大偏差（超调量）减小，振荡周期减小，余差减小，衰减比减小。$\delta$ 等于某一数值时，系统会出现等幅振荡；此时的 $\delta$ 值称为临界值。当 $\delta$ 小于临界值时，系统会产生发散振荡；而 $\delta$ 太大时，又会出现单调衰减过程。好的控制系统希望最大偏差小、余差小，所以要求 $\delta$ 小一些；同时希望过渡过程平稳，所以要求 $\delta$ 大一些。那么 $\delta$ 值究竟多大最好？这并没有一个严格的界限，要根据对象特性等综合考虑。一般来说，如果对象较稳定，即滞后较小、时间常数较大且放大倍数较小时，控制的重点应是提高灵敏度，此时，$\delta$ 可选得小一些；反之，控制重点应是在增加系统的稳定性上，此时 $\delta$ 应选得大一些。

针对不同的对象，$\delta$ 的大致范围是：压力对象 30% ~ 70%；流量对象 40% ~ 100%；液位对象 20% ~ 80%；温度对象 20% ~ 60%。

### 2. $T_i$ 对过渡过程的影响

$\delta$ 不变时，$T_i$ 对过渡过程的影响情况如图 6-24 所示。因 $T_i$ 越大，积分作用越弱，所以 $T_i$ 过大，则失去积分作用，变成纯比例控制，不能消除余差；$T_i$ 减小，积分作用加强，过程的振荡会加剧，但能克服余差；$T_i$ 太小，积分作用过强，过程振荡剧烈，甚至出现发散振荡。

因为积分作用会加剧振荡，这种振荡对于滞后大的对象更为明显。所以，控制器的积分时间应根据对象的特性来选择。对于管道压力、流量等滞后不大的对象，$T_i$ 可选得小一些；而温度对象的滞后较大，$T_i$ 可选取大一些。

### 3. $T_d$ 对过渡过程的影响

微分时间对过渡过程的影响如图 6-25 所示。由图可见，$T_d$ 越大，微分作用越强。效果是动态偏差减小，余差减小，但使系统的稳定性变差。$T_d$ 太大，则容易引起系统振荡；$T_d$ 太小，则微分作用弱，动态偏差大，波动周期长，余差大，但稳定性好。

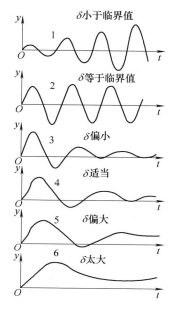

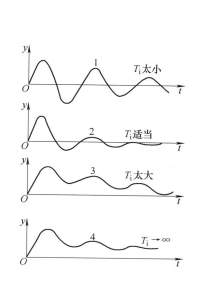

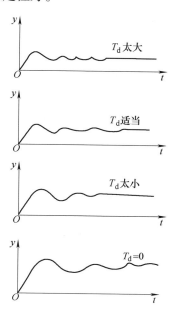

图 6-23　$\delta$ 对过渡过程的影响　　　图 6-24　$T_i$ 对过渡过程的影响　　　图 6-25　$T_d$ 对过渡过程的影响

在 PID 控制中，适当选择 $\delta$、$T_i$、$T_d$ 这 3 个参数，可以获得良好的控制质量。

### 4. 各种控制规律的过渡过程比较

图 6-26 为在同一阶跃偏差作用下，P、I、D 及其各种组合形式的过渡过程曲线。曲线 1 为 PD 作用，2 为 PID 作用，3 为 P 作用，4 为 PI 作用，5 为 I 作用。可见，PID 三作用的动态偏差小，余差基本为 0，控制周期短，所以控制效果最好；PI 控制余差为零，相对 PID 来说动态偏差大一些、周期也长一些，但与其他几种相比好一些；PD 控制动态偏差小，稳定性好，但余差大；P 控制动态偏差比 PI 小些，但余差太大；I 作用的效果最差，故不能单独使用。

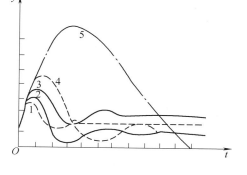

图 6-26　各种控制规律过渡过程曲线

# 本 章 小 结

1）过程控制系统由控制器、执行器、控制阀、被控对象及检测变送器组成；过程控制系统可从不同的角度进行分类，可分为闭环控制系统、开环控制系统、定值控制系统、随动控制系统及程序控制系统等。

2）过程控制所遵循的控制规律有位式控制、比例控制、积分控制、微分控制及其组合。

3）过程控制系统过渡过程的质量指标包括最大偏差 $A$（或超调量 $B$）、余差 $C$、衰减比 $\eta$、过渡时间 $t_s$（调整时间）、上升时间 $t_r$ 及振荡周期 $T$。

4）描述系统（或）环节性能的数学表达式，叫做系统（或环节）的数学模型。数学模型有微（差）分方程、传递函数、方块图等形式。传递函数是常用的一种数学模型；方块图是系统（或环节）数学模型的图形表示形式。

5）建立系统的数学模型，关键是建立被控对象（或环节）的微分方程式。

6）过程控制系统由基本的典型环节所组成。基本环节一般分为 6 种：一阶环节（惯性环节），二阶环节（振荡环节），比例环节，积分环节，微分环节，纯滞后环节（延迟环节）。

7）过程控制系统根据输出量与输入量的不同有不同的传递函数。

## 思 考 与 练 习

1. 简述过程控制的发展概况。

2. 常用过程控制系统可分为哪几类？

3. 过程控制系统主要由哪些环节组成？各部分的作用是什么？

4. 什么是过程控制系统过渡过程？在阶跃扰动作用下，其过渡过程的基本形式有哪些？在正常控制过程中希望出现哪种形式？

5. 过程控制系统过渡过程的质量指标包括哪些主要内容？它们的定义是什么？哪些是静态质量指标？哪些是动态质量指标？

6. 什么是双位控制？有何特点？

7. 比例控制、积分控制、微分控制规律的输入/输出关系表达式是什么？各自的阶跃响应曲线如何？各有何特点？

8. 比例度、积分时间、微分时间对系统过渡过程都有何影响？

# 第7章　工业控制网络的设计与组建

用发展的眼光看，工业控制系统中，数字技术向智能化、开放性、网络化和信息化发展。同时，工业控制软件也将向标准化、网络化、智能化和开放性方向发展。因此现场总线控制系统 FCS 的出现，不会使数字式分散控制 DCS 及 PLC 消亡，而是促使 DCS 及 PLC 系统更加向智能化、开放性、网络化和信息化方向发展，或只是将过去处于控制系统中心地位的 DCS 移到现场总线的一个站点上去。即 DCS 或 PLC 处于控制系统中心地位的局面从此将被打破。今后的控制系统将会是：FCS 处于控制系统中心地位，兼有 DCS、PLC 系统——一种新型的标准化、智能化、开放性、网络化、信息化控制系统。面对这样复杂的新型工业控制网络，如何对多种技术各取所长，融于一网？针对这个问题，本章就通过阐述工业控制网络的集成方式、原则、应用实例等内容做出回答。

在本章中，主要介绍以下内容：

1）工业控制网络的集成方式。

2）工业控制网络的集成原则。

3）工业控制网络的组建。

4）工业控制网络在烟草企业的工程应用。

5）工业控制网络在汽车制造行业的应用。

6）工业控制网络在钢铁企业的应用。

## 7.1　工业控制网络的集成设计

### 7.1.1　工业控制网络系统集成方法

建立工业控制网络，可采用如下几种方式：

1）将信息网络与自动化层的控制网络统一组网，融为一体，然后通过路由器与设备层的现场总线/控制网络进行互联，从而形成一体化的工业控制网络，如图 7-1 所示。

2）各现场设备的控制功能由嵌入式系统实现，嵌入式系统通过网络接口接入控制网络。该控制网络与信息网络统一构建，从而形成一体化的工业控制网络，如图 7-2 所示。

3）将现场总线控制网络与 Intranet 集成，如图 7-3 所示。

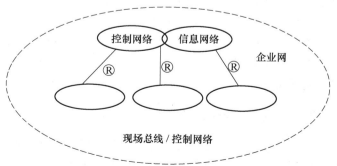

图 7-1　通过互联构建一体化的控制网络

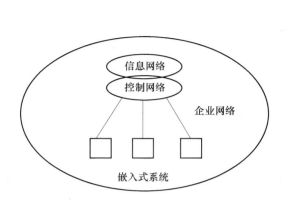

图 7-2 通过控制网络构建一体化的控制网络

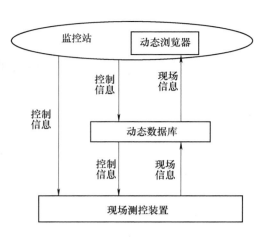

图 7-3 现场总线控制网络与 Intranet
信息网络的集成方案

在该方案中，动态数据库处于核心位置，它一方面根据现场信息动态地修改自身数据，并通过动态浏览器的方式为监控站提供服务；另一方面接受监控站的控制信息对其进行处理并送往现场。此外，为了保证控制的实时性，控制信息也可不经由动态数据库而直接下发到现场。其中主要涉及以下技术：

（1）客户/服务器模式 客户/服务器模式作为分布式应用程序之间通信的一种有效方式得到了广泛应用，通常服务器和客户运行于通过某种网络互联的不同平台之上，运行在服务器上的进程为发出请求的客户进程提供所需信息。在控制网络中，现场总线与信息网络在物理上的连接使其可作为整个网络的一个节点加入到客户/服务器模式之中，并服从客户/服务器模式的技术规范。

（2）动态浏览器技术 浏览器是 Intranet 和 Internet 中最有代表性的应用之一，它以 HTTP 协议和 HTML 语言作为通用标准，以超文本界面的形式极大地方便人们在 Internet 上查找和提取有用信息。把现场设备的运行状况通过浏览器的方式动态地展现在处于监控站位置的操作员面前，无疑是具有很大吸引力的，这便是动态浏览器技术。

（3）动态数据库技术 与动态浏览器相对应的是动态数据库，后者是前者的前提和基础。动态数据库修改自身数据，时刻保持与现场的同步，与之相对应，这便需要一个动态数据库管理系统对其提供管理，称为 DDBMS。

（4）Java 技术 Java 是 1995 年由 Sun 公司开发而成的新一代编程语言，经过几年的发展，随着 JavaOS、Java 芯片，Java 卡和嵌入式 Java 等概念的出现，Java 将以一种平台、一种计算模式影响诸多领域。就控制领域而言，因 Java 起初就是为控制电视机、烤面包机等家用电器而开发的，这注定它在控制领域会得到一定程度的应用。

### 7.1.2 工业控制网络系统集成的原则

由于计算机的广泛使用，为工业企业提供了分散而有效的数据处理与计算能力。计算机和以计算机为基础的智能设备除了处理一般的业务以外，还要求与其他计算机彼此沟通信息、共享资源、协同工作，于是出现了用通信线路将各计算机连接起来的计算机群，以实现资源共享和作业分布处理，这就是计算机网络。工业控制网络与计算机网络一样，网络拓扑结构和传输介质都是影响网络性能的重要因素，在组建网络时必须予以关注。

工业控制网络系统如果应用现在流行的现场总线技术进行总体设计时应考虑以下几个问题。

**1. 项目是否适用现场总线技术**

世界上任何一种先进技术，超出其适用范围就不会得到好的效果，所以对于项目是否适于使用现场总线的问题可着重考虑以下几个问题：

（1）现场被控设备是否分散　这是决定使用现场总线技术的关键。现场总线技术适合于分散的、具有通信接口的现场受控设备的系统。现场总线的技术优势是节省了大量现场布线成本，使系统故障易于诊断与维护。

对于具有集中 I/O 的单机控制系统，现场总线技术没有明显优势。当然，有些单机控制，在设备上很难留出空间布置大量的 I/O 走线，也可考虑使用现场总线技术。

（2）系统对底层设备有没有信息集成要求　现场总线技术适合对数据集成有较高要求的系统。如建立车间监控系统、建立全厂的 CIMS 系统。在底层使用现场总线技术可将大量丰富的设备及生产数据集成到管理层，为实现全厂的信息系统提供重要的底层数据。

（3）系统对底层设备是否有较高的远程诊断、故障报警及参数化要求　现场总线技术适合要求有远程操作及监控的系统。

**2. 系统实时性要求如何**

所谓系统的实时性简单地说就是现场设备的通信数据更新速度。

（1）可能对系统的实时性提出要求的实际应用

1）快速互锁联锁控制、故障保护。现场设备之间需要快速互锁联锁控制，完成设备故障保护功能。系统实时性影响到产品加工精度，系统实时性不高，可能会导致设备损坏，或产品加工质量出现问题。

2）闭环控制。现场设备之间构成闭环控制系统，系统的实时性影响到产品质量，如产品薄厚不均、大小不一、成分不同等。

（2）影响系统实时性的因素

1）现场总线数据传输速率高，系统具有更好的实时性。

2）数据传输量小，系统具有更好的实时性。

3）从站数目少，系统具有更好的实时性。

4）主站数据处理速度快使系统具有更好的实时性。

5）单机控制 I/O 方式，比现场总线方式有更好的实时性。

6）在一条总线上的设备比经过网桥或路由器的设备具有更好的实时性。

7）有时主站应用程序的大小、计算复杂程度也影响系统响应时间，这与主站设计原理有关。

如果实际应用问题对系统响应有一定的实时要求，可根据具体情况分析是否采用总线技术。以 DP 为例，当总线具有 32 个从站，数据传输速率为 12Mbit/s 时，总线循环时间为 1ms。

**3. 是否已有成功应用**

作为一种新技术，现场总线产品在选用时应尽量遵循成功应用先例以规避潜在的风险。因为实际应用的技术问题复杂，干扰因素多，很难在事先作出准确的分析和估计。如果已有成功的应用先例，则说明一些关键技术已经有所保证，可以在一定程度上降低不必要的风险。

**4. 采用何种系统结构配置**

用户决定选用某种现场总线产品后，下一个问题就是采用什么样的系统结构配置。

（1）系统结构形式

1）确定分层。车间层、现场层如何划分？是否需要车间层监控？

2）确定主站。有多少主站？分布如何？如何连接？

3）确定从站。有多少从站？分布如何？从站设备如何连接？现场设备是否具备总线接口？可否采用分散式 I/O 连接从站？哪些设备需选用智能型 I/O 控制。根据现场设备的地理分布进行分组并确定从站个数及从站功能的划分。

4）确定设备结构类型。

（2）选型

1）根据系统是离散量控制还是流程控制，选用现场总线类型。同时还要考虑是否需要本质安全。

2）确定现场总线数据传输速率。根据系统对实时性要求及传输距离长短，决定现场总线数据传输速率。

3）确定是否需要车间级监控站。如需要，则要确定监控站类型及连接形式。

4）根据系统可靠性要求及工程经费，决定主站形式及产品。

**5. 如何实现车间自动化系统与全厂自动化系统的连接**

（1）是否需要车间级监控　如果需要做车间级监控或需要为车间级监控留出接口，主站应考虑配置局域网接口。监控站应接到局域网上，因此监控站也要考虑配置网卡。

（2）设备层数据如何进入车间管理层数据库　设备层数据进入车间管理层数据库，首先要进入监控层（如 FMS 的监控站）。监控站负责建立动态的在线监控数据库，通过镜像将在线监控数据库的内容报入车间管理层并建立历史数据库，然后工厂管理层数据库通过车间管理层得到设备层数据。

工业控制网络系统如果应用现在流行的现场总线技术进行总体设计时应遵循以下几个原则：

（1）实时性原则　大多数监控系统中，对数据的采集和处理速度要求都很高，因此在进行网络化设计时应该首先考虑到这一点，根据具体的情况在不同的网段采用相应的解决办法，以减少延迟，提高系统的实时性。

（2）可靠性原则　监控系统一般对传输网络的可靠性要求非常高，因为其可靠性直接影响到监控计算机所得到的现场信息的正确性，以及上层管理系统的命令是否能得以正确执行，进而影响整个监控系统的性能。

（3）开放性原则　网络系统的开放性关系到网络系统内不同网段间的互联、企业内部网络与外界网络互联的可实现性。随着计算机及其网络系统应用的飞速发展与普及，企业与国内外其他企业、市场、上级主管部门的联系会不断增多，所需信息量和信息的覆盖领域会进一步扩大，网络互联的需求会不断加深，因此应选择开放性好、联网方便的网络系统。

（4）实用性原则　网络系统是为满足生产过程的监视、控制、管理、调度和决策需要而设置的，满足企业生产实际需要是设计的基本出发点。网络系统的设计应以需求分析作为设计基础，如网络的节点数、节点的地理位置分布，网络的信息量、运行速率、传输能力，以及网络建成之后改建的可扩充性，如网络节点增加、网络扩展等。对底层控制网络，要充分考虑到为实现控制所必须满足的实时性要求。

（5）先进性原则　当今网络技术发展速度相当迅速，应当尽量选择技术水平高、有发展前途、短期内不会被淘汰的网络系统来组建监控系统的网络。尽量采用国际标准，采用主流技术，方便网络的扩展与升级。当然，作为实用工业网络，也应充分考虑到技术的成熟性。

（6）软件资源丰富性原则　在监控系统网络的产品选型时，还应考虑到所选系统是否具备丰富的软件支持，特别是需要功能强、性能好的网络管理软件的支持，以便今后对网络系统的运行、管理与维护。

（7）经济性原则　网络系统设计像任何一项工程设计那样，必须考虑到投资的合理性，如系统的性价比、投入产出比、企业的经济承受能力等因素。在计算机、网络设备、系统软件的产品选型与购置方面，在综合考虑上述几种因素的基础上，尽可能节省投资。

# 7.2　工业控制网络的组建

## 7.2.1　确定系统任务

在具体确定选用哪种产品组建工业控制网络之前，一般来说，应该清楚如下几方面的情况：

1）规模的大小，即需要构成网络的节点有多少个。规模的大小对选用哪种产品有影响，如现场总线类型的选择：CAN 最多可接设备 110 个，而 LonWorks 的节点数可达 32000 个，PROFIBUS 的节点也是从几十个到一百多个。

2）环境条件：这包括节点分布的远近，现场的安全防爆要求，电磁环境等。环境条件的不同，对选用哪种现场总线组成工业控制网络也有影响。首先节点分布的远近决定通信线路的长度，而这方面不同的总线其能力是不一样的，其变化范围为几十米至 10km。现场的安全防爆要求是一项十分重要的指标，根据上面分析，除 CAN 总线外，其余几种都能满足安全防爆要求。依据目前的发展趋势最好选用 PROFIBUS-PA 或 FF 的 H1。现场电磁环境的优劣，决定了选用构成网络的通信介质。如果现场电磁干扰等很严重，最好选用抗电磁干扰能力强的光纤作为传输介质。

3）传输信号情况：这包括传输信号是模拟量或数字量，信息量的大小，对实时性的要求等。传输信号情况的不同对现场能力也提出不同的要求，如果是模拟与数字信号共存，可以选用 HART；如果传输的信息量特别大，实时性不高，可以考虑选用 PROFIBUS-FMS；如果是信息量大、实时性高、系统集成要求高，可以考虑选用 PROFIBUS-FMS 和 PROFIBUS-DP 构成多层次控制系统。

4）现场设备情况：这是指在原有老设备的基础上进行网络集成技术改造，还是采用符合现场总线要求的新的智能仪表等控制网络组建途径。多种控制系统并存的情况在国内的许多单位都存在。由于原来使用的许多仪表都是电动单元组合 II 型或 III 型表，目前使用的效果比较好，轻易放弃会造成浪费和损失，可又希望利用先进的现场总线技术组成工业控制网络，以提高生产的综合自动化水平，这样的要求实际上是提出了一个能否在充分利用原来老设备的基础上建立现场总线工业控制网络的问题。可行方案是通过远程智能 I/O 将传统仪表的模拟 4～20mA 或 0～5V 的信号转换成和现场总线相兼容的通信信号，从而实现与现场总线网络的联接与通信，这种方案对一些财力不是很充足的老企业进行技术改造是一种可取的途径。在实际选型时，可以利用网关技术，将不同的现场总线集成一起，从而满足用户的要求。

另外，如果有几种产品都能满足自己的要求，且性能价格比都差不多时，这时考虑的因素应该是服务，如果哪家的产品用户多，服务好（包括安装，培训，维修等），就应该考虑优先选择该产品。

## 7.2.2 基于现场总线的工业控制网络构建

通常意义上，人们将自动化领域分为工厂自动化（FA）和过程自动化（PA），在 FA 中现场总线已经大量应用，而在 PA 中的应用尚在起步阶段。下面就以 PA 中最常使用的基金会现场总线（Foundation Fieldbus）和 PROFIBUS-PA 如何进行硬件组建连接为例来进行基于现场总线的工业控制网络构建介绍。

**1. 现场设备的连接**

大多数的现场设备均为壳体内部采用接线端子，在壳体上预留 NPT 1/2 或 M20 出线孔的结构。针对仪表的这种结构，可以采用图 7-4a 所示的仪表密封插座。该仪表密封插座由连接导线、NPT 1/2 或 M20 的仪表连接螺纹和外螺纹的插针三部分构成。连接时先利用其 NPT 1/2 或 M20 的螺纹直接与现场设备的出线孔连接，然后再将尾部的连接导线（2 根或 3 根）与设备内部的接线端子相连，结果如图 7-4b 所示。

a) 仪表密封插座       b) 现场设备壳体结构

图 7-4 仪表密封插座

**2. 信号线的引出**

接下来用图 7-5a 所示的插头与仪表密封插座的外螺纹插针相连将仪表信号引出。这种接插件由接插和电缆引出两部分组成，并且有直线型和直角型、针式和孔式等不同的规格。电缆的连接可在现场进行。

**3. 连接分支电缆**

适当长度的分支电缆（如图 7-5b 所示）经如图 7-5a 所示插头的出线端与插头内部的接线端子相连，即可完成分支电缆的连接。

现场总线有 A、B、C、D 四种不同规格的电缆。其中 A 型为推荐优先选用的电缆，特别适于在新安装系统中使用。其次推荐使用的现场总线是多双绞线对、外层全屏蔽的，即 B

型电缆。当用户工厂中同一地区有多条现场总线时，新的安装工程中适于选用这种类型的电缆，或者将其用于改造安装工程中。C、D 两种电缆主要应用于改造工程中。相对 A、B 而言，C、D 在使用长度上有许多限制，因此在某些特定场合中，要避免使用 C、D 两种电缆。

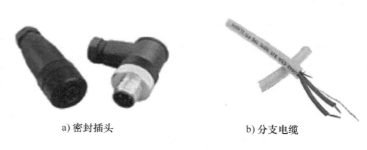

a) 密封插头　　　　　　b) 分支电缆

图 7-5　连接分支电缆

对于分支电缆的长度，请牢记"宁短勿长，越短越好"的原则。所使用电缆的类型、网络的拓扑结构以及现场设备的数量和类型等因素会对分支电缆所允许的最大长度产生影响。表 7-1 为推荐的最大分支电缆长度。

表 7-1　推荐的最大分支电缆长度

| 总 设 备 数 | 每分支 1 个设备 | 每分支 2 个设备 | 每分支 3 个设备 | 每分支 4 个设备 |
| --- | --- | --- | --- | --- |
| 25 ~ 32 个 | 1m | 1m | 1m | 1m |
| 19 ~ 24 个 | 30m | 1m | 1m | 1m |
| 15 ~ 18 个 | 60m | 30m | 1m | 1m |
| 13 ~ 14 个 | 90m | 60m | 30m | 1m |
| 1 ~ 12 个 | 120m | 90m | 60m | 30m |

当然，表 7-1 的规定也不是绝对的。但是，如果满足这些规定则可以保证通信不会因此发生问题。同时请注意，在爆炸危险场所应用时允许的最大分支长度将大为缩短。

另外，如果已知各段总线电缆的长度，项目对安装时间要求非常紧以及需要经常插拔的应用时，可考虑将插头与电缆在工厂预制好，如图 7-6a 所示。连接好后如图 7-6b 所示。

a)　　　　　　　　　　　　　　b)

图 7-6　工厂预制好的插头与电缆

### 4. 分支电缆的汇聚

如果某处只有一个现场设备，那么可以用图 7-7a 所示的"T"形接头将分支电缆连接到主干电缆上去，结果如图 7-7b 所示。

如果某局部有若干个现场设备，可选用图 7-7c 所示的接线盒，它可将若干分支电缆

"汇聚"到主干网上。

图 7-7c 所示的接线盒为"即插即用"类型。有 4 分支、6 分支和 8 分支等规格可选，具有短路保护功能的产品会大大提高系统的可靠性。其特点是快速、准确、方便，但价格较贵。

a) 电缆 T 形头     b) 采用 T 形头进行连接     c) 多分支接线盒

图 7-7 分支电缆

对于接线盒，还可以选择图 7-8 所示的可以在现场进行接线的高防护等级（IP67）的端子式接线盒。该接线盒内可集成终端电阻，并带有短路保护功能，有 4 分支或 6 分支可选。

同时，还可以选择图 7-9 所示的可以在现场进行接线的低防护等级（IP20）的端子式接线盒。该接线盒内也可集成终端电阻，并带有短路保护功能，也有 4 分支或 6 分支的产品可供选择。

 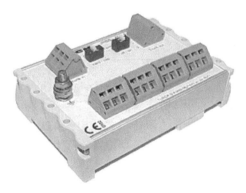

图 7-8 高防护等级（IP67）的端子式接线盒     图 7-9 低防护等级（IP20）的端子式接线盒

另外，近年来出现了一种用于主干网采取增安的防爆方式、分支采用本安防爆方式的接线盒，如图 7-10 所示。该种接线盒符合 FISCO 和 Entity 的防爆规则，防护等级为 IP66，终端电阻可选，主干网与分支之间、分支与分支之间具有可靠的电隔离，同时具有 $4 \times 40mA$ 的输出。该种接线盒的出现将进一步推进现场总线在危险区的应用。

如果接线盒上有未使用的分支接口，可使用图 7-11 所示的端盖对其进行保护。

图 7-10 本安防爆方式接线盒

### 5. 主干电缆的连接

如图 7-12 所示，利用接线盒的主干网入端口和主干网出端口即可将所有分支连接到主干网上。但是，如果接线盒距现场设备过远，则可采取图 7-13a 所示的方式进行连接。图 7-13a 中使用的为图 7-13b 所示的所谓的"系统 T 形头"，该种接头内部为接线端子，接线工作可现场进行。当然，可以直接用一个如图 7-13c 所示的所谓的普通"T"形接头进行连接。

图 7-11　接线盒端盖

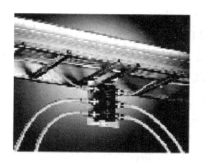

图 7-12　利用接线盒连接主干电缆

一般线缆的铺设通常采用电缆桥架或穿线管的方法进行，现场总线主干网的铺设也不例外，这在图 7-13d 中已体现出来。

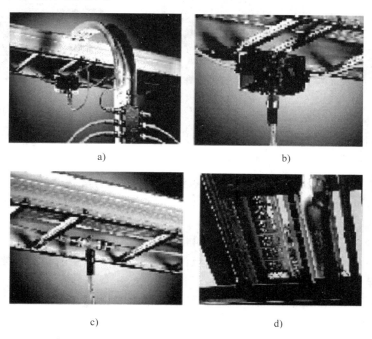

a)

b)

c)

d)

图 7-13　主干电缆的连接

### 6. 与控制系统的连接

最后，主干线连接到控制系统的总线接口上（一般称为 H1 网卡）。至此，即构成了图 7-14 所示的现场总线网络。

#### 7. 其他几个需要注意的问题

（1）终端器 终端器（如图7-15所示）是连接在总线末端或末端附近的阻抗匹配元件。每个总线段上需要两个、并且只能有两个终端器。终端器能够起到使信号少受衰减与畸变的作用。一般将终端器内置在接线盒、电源、总线接口卡等设备内。

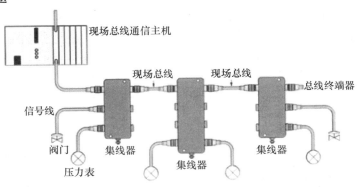

图7-14 现场总线网络的连接构成

（2）接地 对于某些需要接地的现场设备，若其与接线盒的距离小于6m，则可以选择在接线盒处进行接地，如图7-16所示。所用连接导线应使用12AWG的接地线缆。

但对于信号传输导体而言，在现场总线网络的任何一点上，传输导体（如双绞线）都不允许接地。如果将任何信号传输导体接地的话，就会导致该条总线上所有的设备失去通信能力。

图7-15 终端器

图7-16 选用接线盒接地

（3）线缆的弯折 如图7-17a所示，如果总线电缆安装后就固定不动了，则要求线缆的弯折半径不小于线缆直径的5倍。如果总线电缆安装后需要经常移动，则要求线缆的弯折半径不小于线缆直径的10倍，如图7-17b所示。

（4）浪涌保护 对于雷电多发区域，可以通过图7-18所示的浪涌保护器进行网络节点的浪涌及过电压保护。该浪涌保护器具有如下特

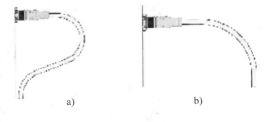

图7-17 线缆的弯折

点：可对现场总线节点的浪涌及过电压进行保护，带有M12或7/8″的插座，通过M5×1的螺栓进行等电位体连接，防护等级为IP67。

（5）中继器 中继器是总线供电或非总线供电的设备，用来扩展现场总线网络。在现场总线网络的任何两个设备之间最多允许使用4个中继器。当使用4个中继器时，网络中两个设备之间的最大距离可以达到9500m。

（6）网桥 网桥用于将不同速度（和/或不同物理层，如金属线、光导纤维）的现场总线网段连接在一起，从而组成一个大网络。

（7）网关 网关用于将某一现场总线的网段与遵循其他通信协议的网段（如以太网，RS 232 等）相连。

（8）屏蔽 现场总线电缆屏蔽的典型做法是在电缆的整个长度上将屏蔽线仅在一点接地，并且屏蔽线绝对不可用做电源的导线。在某些工厂实行的标准中，要求将电缆的屏蔽线在整个长度上做多点接地，这种操作方法在 4～20mA 直流控制回路中是可以被接受的，但是应用到现场总线网络中就会引起干扰。

（9）极性 现场总线设备分为有极性的现场设备和无极性的现场设备。对于有极性的现场设备，必须接线正确才能按照正确的极性得

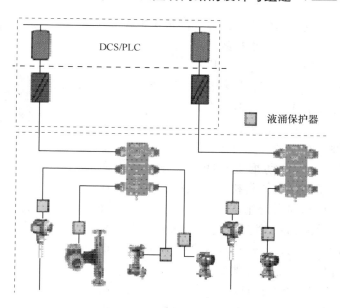

图 7-18 浪涌保护器

到正确的信号。如果设备被反向接线，那么会得到"反置"的信号，就不能进行通信了。对于无极性的现场设备，就可以在网络上任意方向进行连接。

需要指出的是构建现场总线控制网络除了本节所涉及的内容之外，工程人员仍需了解基于现场总线的工业控制网络对现场设备、拓扑结构设计、主站及软件组态、文档管理及工程施工等方面的要求。

# 7.3 应用实例

## 7.3.1 工业控制网络在烟草行业的应用

众所周知，烟草企业是我国的利税大户，2014 年实现工商税利 10517.6 亿元。卷烟质量不断提高，大批企业联合、重组，并进行技术改造，这些企业对于自动化和 MES（生产制造系统）等新技术存在巨大的市场需求。由于在几乎所有的烟草企业里都有西门子的自动化系统在运行，下面就以该公司的一个方案为例介绍工业控制网络在烟草行业的应用。

### 1. 卷烟厂典型工艺流程

制丝线一般包括：叶片线、白肋烟处理线、梗线、切丝线、烘丝线、切梗丝线、梗丝膨胀线、配比加香线、储丝柜等几个工艺段。制丝线设备主要种类包括：筒类、带式输送机、震动输送机、储柜、定量喂料系统等，如图 7-19 所示。

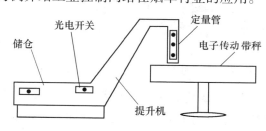

图 7-19 制丝线主要设备图

其一般运行原理是：使用储仓来缓冲、储备物料。通过提升机提取物料，其速度受定量管内物料高度的控制。而定量管能够使物料流

成为较规则的形状，以提高传送带秤的测量精度。最后，电子传送带秤通过物料流量或传送带速度来控制物料的计量。

1）叶片线：叶片线由开包机、切片机、松散筒、异物剔除机和润叶筒等部件组成，经叶片线处理后的物料变得柔软、湿润，可大大提高物料的可加工性。叶片线主要设备如图7-20所示。

2）白肋烟处理线：主要设备由白肋烟储柜、加料机、烘焙机、电子传送带秤和加料筒组成。经白肋烟处理线处理后的白肋烟会被送入储柜进行混合、浸润、储存，然后与烤烟叶片掺配、储存后进行切丝处理。

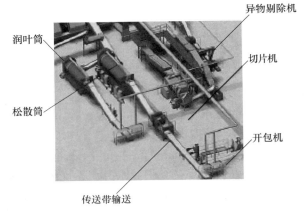

图7-20 叶片线主要设备图

3）梗处理线：梗处理线由翻箱喂料机、提升喂料机、异物剔除机、加湿筒（润梗筒）和储梗柜等组成。

4）切丝/切梗丝线：切丝/切梗丝线由切丝机、仓储喂料机、定量管、电子传送带秤、压梗机和切梗丝机等组成。

5）烘丝线/梗丝膨化塔：通过加热通道（HEATED TUNNEL HT）、烘丝机/梗丝膨化塔等部件，使烟丝膨胀而变得柔韧有弹性。烘丝线/梗丝膨化塔主要设备如图7-21所示。

6）配比加香线：通过冷却风机、储丝柜、翻箱喂料机、提升喂料机、配比传送带秤、加香机和储丝柜等部件，将叶丝、膨胀后的梗丝、薄片丝、膨胀后的叶丝及卷包车间回收的烟丝按设定的比例掺配、加香。配比加香线主要设备如图7-22所示。

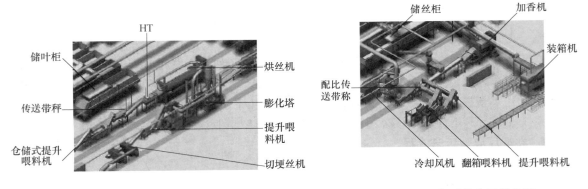

图7-21 烘丝线/梗丝膨化塔主要设备图　　　　图7-22 配比加香线主要设备图

7）二氧化碳膨胀烟丝线：烟草膨胀技术的研究始于20世纪60年代末，于20世纪70年代开始应用于生产，在国际卷烟工业获得广泛应用。二氧化碳（$CO_2$）烟丝膨胀技术是美国菲利浦·莫里斯（PM）烟草公司与阿尔考（AIRCO）公司于20世纪70年代联合研制的。目前应用最为普遍的$CO_2$膨胀烟丝技术有BOC和BAT两种模式。

我国自1988年开始引进此项技术，于1991年首先在上海、宁波两家烟厂投入使用。随后张家口、武汉、深圳、蚌埠几家烟厂引进，现在全国有 30 多条生产线，BOC 和 BAT 模式的均有。秦皇岛烟机厂引进并消化了两种技术，其中 BOC 占 2/3，BAT 占 1/3。

在卷烟配方中掺用膨胀烟丝，不但可以减少烟丝用量，同时由于烟丝细胞组织"蓬松"而使燃烧性能得到改善，并能减少卷烟烟气中焦油等有害成分。$CO_2$ 烟丝膨胀工艺流程：叶片烟经过开箱与计量、切片、松散回潮、配叶储叶、切丝、增温增湿和储丝后被定量送入浸渍器中，利用液态 $CO_2$ 浸渍烟丝。将含有干冰的烟丝从罐中卸出松散，并流量均匀地送入以过热蒸汽为干燥介质的高温气流输送膨胀系统。烟丝内的 $CO_2$ 快速汽化和升华，烟丝内的水分也被气化和升华，烟丝细胞得到膨胀。膨胀后的烟丝经切向分离器与工艺气体分离，冷却至常温后，通过回潮使其含水率达到工艺要求。

$CO_2$ 膨胀烟丝线包括 4 大部分：烟丝制备段，冷端设备，热端设备和回潮段。其中浸渍装置、升华装置和回潮机是 $CO_2$ 膨胀烟丝的主机部分。

① 烟丝制备段：主要设备包括仓式喂料机、传送带秤、双速输送传送带（布料带）、往复输送机。

● 仓式喂料机与传送带秤组成恒流量控制系统，以提高布料的均匀性。

● 双速输送传送带：由变频器控制，以低速度布料、高速度供料。

● 往复输送机：通过接收供料信号往复输送物料。

② 冷端设备：冷端设备主要包括浸渍器（液压站系统）、工艺罐、工艺泵、高压回收罐、低压回收罐、高压压缩机、低压压缩机、回收制冷机组、补偿泵、储罐（传输泵）、停机制冷机组。冷端设备所处理的介质主要为低温、高压的 $CO_2$ 液体和气体。

● 浸渍器单元：主要包括浸渍器和安全装置，浸渍器是整条线的核心设备之一，它的主要作用是完成 $CO_2$ 对烟丝的浸渍。

● 工艺罐：用于储存和向浸渍器提供工艺用 $CO_2$ 液体和气体。

● 高压回收罐：用于在浸渍过程中，对浸渍器吹除和一次增压，回收浸渍器内高压的 $CO_2$ 气体和由低压回收罐经低压压缩机压缩后的 $CO_2$ 气体。

● 低压回收罐：回收浸渍器内高压回收后剩余的低压 $CO_2$，再经低压压缩机升压送入高压回收罐。

● 低压压缩机：用于对低压回收罐内 $CO_2$ 气体进行压缩并送入高压回收罐。

● 高压压缩机：用于对高压回收罐内 $CO_2$ 气体进行压缩并送入工艺罐，循环使用。

● 制冷机组：用于对进入冷凝器的经高压压缩机压缩的 $CO_2$ 气体进行冷却，使之成为 $CO_2$ 液体。被冷凝的 $CO_2$ 液体根据工艺控制需要，定时排入工艺罐。

● 工艺泵：将工艺罐内的 $CO_2$ 液体迅速泵入浸渍器。

● 储罐单元：用于储存和供给工艺所必需的液态 $CO_2$，储罐的 $CO_2$ 液体由槽车提供。

③ 热端设备：热端设备包括传输槽、开松器、振动柜、计量带、进料空气锁、升华器（工艺风机、废气风机）、切向分离器、出料空气锁、燃烧炉（加热器、预热器）、冷却振动输送机、冷却传送带输送机。热端设备工作温度较高，一般均在 300℃ 以上。

● 传输槽：用于接送从浸渍器卸下的 -78℃ 的干冰烟丝，烟丝经浸渍后通过传输槽进入开松器。

● 开松器：用于将传输槽落下的干冰烟丝打散，再落入振动柜。

● 振动柜：接收来自开松器的干冰烟丝，储存并通过振动体将烟丝通过限量管均匀送入计量带。

● 计量带：由机架、输送槽体、传动装置和出料斗等组成，在输送带的上方设有光电管来检测物料的情况。

● 进料空气锁：主要由箱体、转子和传动装置 3 部分组成，其作用是当干冰烟丝通过时，能阻止空气通过，以免过量空气进入升华器。

● 升华器：由工艺风机、废气风机、升华管路、主工艺气体管路、冷风旁路、废气管路、蒸汽系统等部分组成，是 $CO_2$ 膨胀烟丝生产线热端的关键设备，主要完成对干冰烟丝的升华，促使烟丝膨胀，并使工艺气体不断进入燃烧炉再进行加热循环使用。

● 切向分离器：用于将膨胀的烟丝与工艺气体分离。

● 出料空气锁：用于切向分离器分离出来的膨胀烟丝输出，并阻止空气不进入升华装置。

● 冷却振动输送机：接收出料空气锁落下的膨胀烟丝，散热降温并均匀输送。

● 燃烧炉：为升华器中的高温工艺气体提供热量，并焚烧生产线中的废气。

④ 回潮段：用于对膨胀后的烟丝进行回潮降温处理，主要包括：传送带秤、水分仪和回潮筒等设备。

● 传送带秤：用于烟丝流量的测量，作为回潮筒加水、加香的基础数据。

● 水分仪：用于烟丝水分的测量，其测得的数据作为反馈信号，用来控制回潮筒加水量。

● 回潮筒：内装有喷淋装置，有些 $CO_2$ 膨胀线在该筒还装有加香加料装置，水分 5% ~ 10% 的膨胀烟丝经过充分回潮，含水率达 13% ±0.5%，即为成品膨胀烟丝。

**2. 卷烟生产的物流系统**

卷烟生产的物流主要包括：原料物流、辅料物流和成品物流 3 部分。

（1）原料物流系统　完成将卷烟生产使用的原料（把烟、片烟、烟梗）从进入工厂到运送至制丝线生产现场的全过程的系统。包括原料供应、原料储存、配方库、原料供给和剩料回收等几个过程。

● 原料供应：将不同类型、不同品种的原料从运送的载货汽车卸下，并运送到原料储存仓库。

● 原料储存：包括登记原料信息并生成识别标签、原料运输与码放、储存、出库等工序。

● 配方库：配方库计算机管理系统接到排产单，根据排产顺序，分别调用相应品牌产品的原料配方。

● 原料供给：当制丝线准备好后，发出供料申请信号，激光导引车则将原料从配方库送到相应地点等待加工。

● 剩料回收：有些原料在一个批次中无法使用整包，将剩余原料送回配方库暂存。

（2）辅料物流　辅料物流是将购进的卷烟辅料进行拆分后按比例重新打包、储存、配送到各个机台的系统。该系统包括辅料供应、辅料拆分与重新打包、辅料储存、辅料配送等几部分。

● 辅料供应：将外购的辅料送至辅料拆分现场。

● 辅料拆分与重新打包：根据不同辅料的消耗量和包装规格，拆分大包与重新包装。

● 辅料储存：将按生产需要，重新按比例组合好的辅料放入高架仓库内储存。

● 辅料配送：根据"辅料供给"请求信号配送辅料。

（3）成品物流　成品物流系统是将卷接包车间生产的箱装的成品烟进行分捡、码垛、储存、配送的系统。该系统包括成品分捡、烟箱码垛、托盘运输、成品储存和配送等几部分。

- 成品分拣：通过对烟箱条形码扫描，将不同品牌规格的成品烟分拣到不同的出口。
- 烟箱码垛：在烟箱输送轨道出口配有自动码垛机将烟箱按设定数量码放在标准托盘上。
- 托盘运输：码放好成品烟箱的托盘，由激光导引小车运送到成品烟仓库。
- 成品储存：对装有成品烟的托盘进行登记，生成识别标签并指定其存放位置。
- 成品配送：根据订单上需要的品牌，提取并修改托盘的识别标签，同时将烟箱通过轨道输送到装车地点。

**3. 卷接包生产设备**

卷烟厂的卷接包车间的设备分为卷接机组、烟支输送与缓存设备、包装机组、烟丝回收设备、嘴棒输送设备等。

1）卷接机组：将成品烟丝送入卷烟机，并用盘纸将烟丝卷成烟条，再用水松纸将分切成要求长度的烟条和嘴棒接装成成品烟支。卷接机组包括送丝、卷烟、接装等几部分，主要设备如图 7-23 所示。

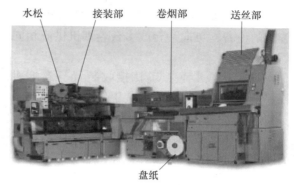

图 7-23　卷接机组主要设备图

2）烟支输送与缓存设备：是将卷接机组生产的烟支输送至包装机组，或暂时储存，或装盘储存的设备。整个系统包括通道、装盘机、卸盘机、缓存设备等，如图 7-24 所示。

现代的卷接机组生产能力越来越大，1600 支/min 的设备已在一些烟厂使用，烟支缓存装置通过大容量的在线缓存技术，保证了生产的连续性，是连接卷接机组和包装机组的桥梁。

3）包装机组：将烟支装入小盒，将小盒装入条盒，并在小盒、条盒外分别包上透明包装纸的设备。包装机

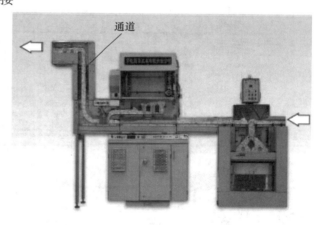

图 7-24　烟支输送与缓存设备图

组包括下烟器、小盒包装机、小盒储存输送设备、条盒包装机等几部分，如图7-25所示。

- 下烟器：将烟支梳理整齐，按顺序送入小盒包装机。
- 小盒包装机：该设备是包装机组最为复杂、工序最多、精度要求最高的部分。主要完成取定量烟支、缺支断支检测、空头监测、铝箔纸包装、硬盒/软盒包装、粘贴口花（软盒）、小透明纸包装工序的设备。
- 小盒储存输送设备：是小盒包装机与条盒包装机之间的连接部分，也是包装机组的缓冲装置。
- 条盒包装机：完成对每 10 小包进行一条包的包装，条盒外透明纸的包装过程。

4）烟丝回收设备：回收不合格烟支内烟丝的设备。基本工序包括烟支梳理（将烟支沿传输带纵向排放），沿支剖切（沿烟支轴向剖开盘纸），筛分（将烟丝与其他杂物分离），装

箱（将回收的烟丝与其他杂物分别装箱）。回收的烟丝可送至制丝线掺配段掺兑到低档烟丝内重新利用。

5）嘴棒输送设备：

● 嘴棒输送设备：将嘴棒送入管道，并用风力把嘴棒快速送至卷烟机的设备。

● 嘴棒发射装置：将嘴棒依次送入嘴棒输送管道的设备，可向一台或多台卷烟机供应相同的嘴棒。

● 嘴棒接收装置：嘴棒接收装置与卷烟机相连，用于接收从嘴棒发射装置发送来的嘴棒。

图7-25 包装机组设备图

**4. 烟草企业工业控制网络的典型配置方案**

全厂总体配置如图7-26所示，具体结构配置如图7-27所示。

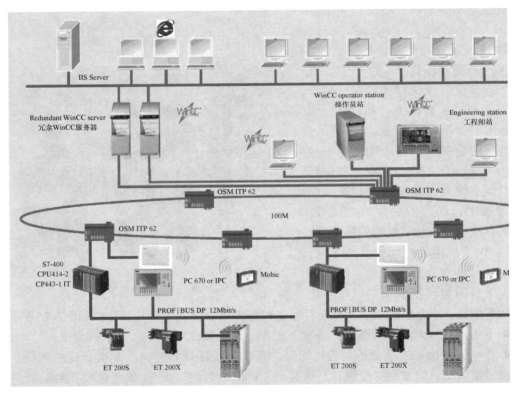

图7-26 全厂工业控制网络总体配置图

**5. 车间子系统工业控制网络配置实例**

××卷烟厂5000KG/H制丝线电控系统采用基于PROFIBUS总线的西门子公司产品，建立起功能更完备、控制更精确的新一代控制系统，达到了较高的控制水平。

（1）系统结构 按照"集中管理、综合监控、分段控制"的设计原则，青岛卷烟厂

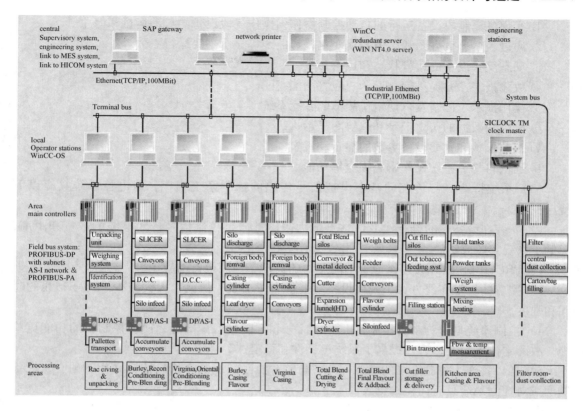

图 7-27　全厂工业控制网络具体结构配置图

5000KG/H 制丝线电控系统按功能划分为 3 个层次：生产管理层，集中监控层，设备控制层。

1）最底层（设备控制层）：采用 PROFIBUS，总线连接各 ET 200 分布式 I/O 站、智能仪表、操作面板等，通过具备现场总线接口的主控制器（SIEMENS CPU414-2DP）实现对各工艺段设备的组合和单机控制。

2）中间层（集中监控层）：作为控制系统的人机交互接口，通过中央监控计算机（SIEMENS WINCC）实现对生产线的组合操作，状态监控，更换配方，参数设定和报警显示、记录等。

3）最高层（生产管理层）：负责处理全线运行过程中的综合信息，包括人工检测和录入工艺、设备、质量等数据，并完整地统计数据和各种分析图表等系统功能。

该系统完成对各工艺分线的生产、运行、控制，并实现生产过程中各主要工艺参数的精确控制，主要包括：

① 各设备电机的本地起/停操作控制。

② 工艺线的各种生产控制。

③ 各主要设备的不同运行状态控制。

④ 各主要工艺参数的精确控制。

上述生产操作的操作接口为安放在电控柜面板上的操作面板（SIEMENS 0P47）集中监控操作站（SIEMENS WINCC）。帧面采用汉化菜单与设备流程图相结合，界面直观清晰，控制简便。主要功能如下：

① 实现各控制段设备运行的自动控制操作，操作各段设备的自动运行和停止。

② 通过表格、直方图和历史数据变化趋势曲线等显示主要运行参数。

③ 动态反映设备的运行状态和运行参数。

④ 故障报警，并提供信息显示、应答功能。

⑤ 操作提示、诊断及自动定位故障的专家系统。

⑥ 故障和数据的历史记录和趋势图显示。

⑦ 工艺参数和主要设备参数的显示和设定。

⑧ 通信自检、系统操作密码锁定等功能。

（2）系统特性　与传统的基于模拟信号传递的控制系统相比，该电控系统具有以下特点：

1）安装在设备端的分布式 I/O 站点最大限度地压缩控制信号传输电缆的数量和距离，降低了系统安装成本。

2）PROFIBUS 的开放性保证了不同厂商的器件、检测设备的应用。

3）完善的机上布线方式，确保设备端器件布置美观、协调，大大减少了现场布线的时间和强度。

4）控制系统划分为动力控制、纯 I/O 信号和智能设备 3 部分，使各控制柜的功能更单纯，故障定位更简便，有效提高了系统可靠性和稳定性。

5）各设备作为控制系统的组成部分，与整个控制系统既有信息传输又相对独立，设备的增减对控制系统只有简易的更改。

6）基于控制器件的控制程序颇具人性化和开放性。

7）基于 PROFIBUS，总线的编程更为简便，编程设备可从任一节点接入，极大地方便了系统维护，降低了系统调试强度。

8）大部分设备的控制均划入相应的生产段控制系统，由集中监控系统统一管理，不设独立的单机控制系统。

9）系统采用先进的算法和一系列高性能检测、执行器件，实现对加料、加香的高精度控制。

10）数据库管理系统对多配方生产进行有效的管理调度，进一步完善了牌号和配方管理体系。

11）在生产管理层采用交换式以太网，基于 C/S 体系的数据库系统，大容量、高可用度磁盘阵列等成熟的计算机技术，为生产管理、数据保存、数据分析提供强有力的保证。

该卷烟厂 V5000KG/H 制丝线电控系统于 1999 年 10 月安装并投入运行，11 月底正式通过验收。检测数据表明，该系统的稳定性、可靠性及控制精度均优于其他同类系统，取得了良好的经济效益和社会效益。

### 7.3.2 工业控制网络在汽车制造行业的应用

**1. 汽车制造流程概览**

（1）冲压车间简介

1）概述：自动化冲压线或大型压机线的生产率基本上取决于其自动化部件进行通信的

能力。或者说它取决于通过使用分布式 I/O、HMI 人机操作面板和监视系统而取得平稳的相互作用，工业网络系统可保证这种生产连接。

● 冲压车间：开卷线工艺原理如图 7-28 所示。

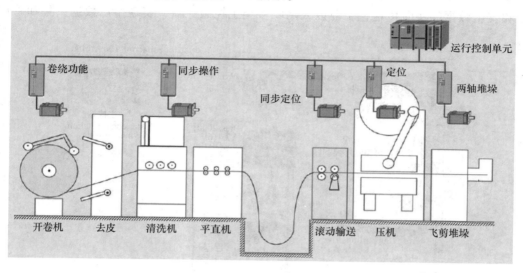

图 7-28 开卷线工艺原理图

2）冲压生产线控制结构和原理：冲压生产线控制网络结构如图 7-29 所示（以西门子公司产品为例）。

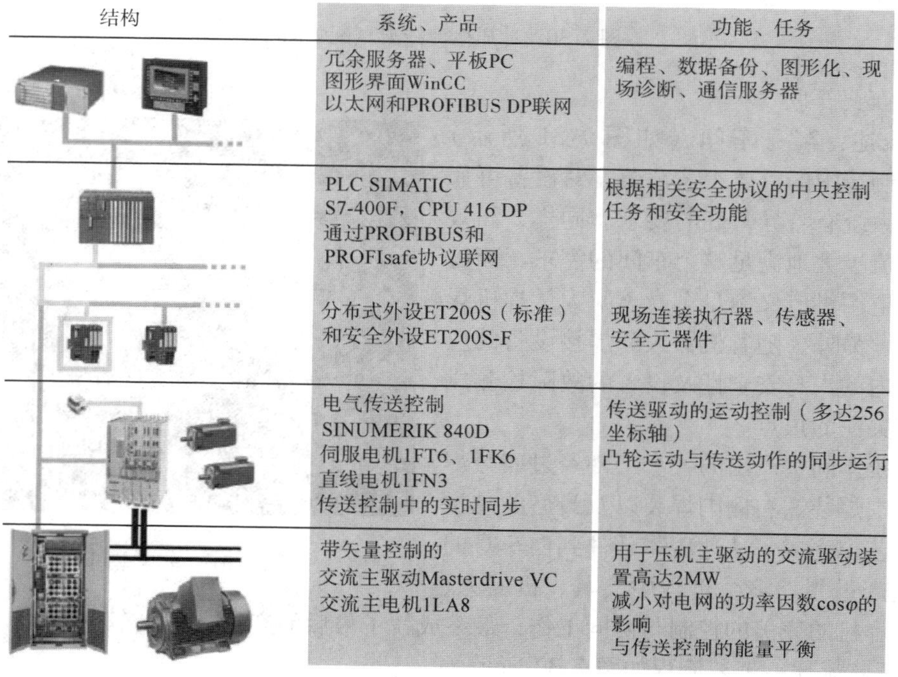

| 结构 | 系统、产品 | 功能、任务 |
|---|---|---|
| | 冗余服务器、平板 PC 图形界面 WinCC 以太网和 PROFIBUS DP 联网 | 编程、数据备份、图形化、现场诊断、通信服务器 |
| | PLC SIMATIC S7-400F，CPU 416 DP 通过 PROFIBUS 和 PROFIsafe 协议联网 | 根据相关安全协议的中央控制任务和安全功能 |
| | 分布式外设 ET200S（标准）和安全外设 ET200S-F | 现场连接执行器、传感器、安全元器件 |
| | 电气传送控制 SINUMERIK 840D 伺服电机 1FT6、1FK6 直线电机 1FN3 传送控制中的实时同步 | 传送驱动的运动控制（多达 256 坐标轴）凸轮运动与传送动作的同步运行 |
| | 带矢量控制的交流主驱动 Masterdrive VC 交流主电机 1LA8 | 用于压机主驱动的交流驱动装置高达 2MW 减小对电网的功率因数 $\cos\varphi$ 的影响 与传送控制的能量平衡 |

图 7-29 冲压生产线控制网络结构图

3）冲压生产线典型配置：采用 Fail-safe 技术的冲压生产线如图7-30所示。S7-416F 为主控 CPU，压机配备有 Press2000 压机专用软件，最新的 SIMOTION D445 驱动控制器控制 SINAMICS S120 完成伺服电动机和主轴电动机的控制；PROFIsafe 作为现场总线，实现控制和安全数据的实时传送；工业以太网联接至主控服务器，实现生产数据采集和管理。

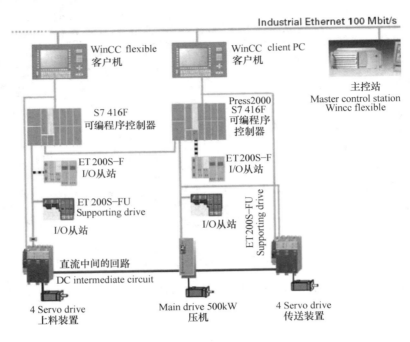

图7-30　冲压生产线典型配置图

（2）车身车间

1）概述：车身车间（如图7-31所示）作为汽车制造中的重要工艺环节，对设备可靠性及控制系统有着异常高的要求。同样，高效可靠的物流极大地满足整个车间的需求，而可靠稳定的电源供应又满足车身车间大量焊机焊接的需要。另外，随着机器人和焊接设备的应用，车间内的人身安全性及设备的故障检测成为了众人关注的焦点。

从冲压车间生产出的各个工件经过底盘焊装、左侧围焊装、右侧围焊装以及最后的总拼这几大工艺，完成了从冲压零部件到白车身的整个的生产过程。整个过程中夹具、机器人、

图7-31　车身车间一角

输送线、焊机的完美的控制与协同工作，最终成就了最后的产品——白车身。

2）工艺流程：工艺流程如图7-32所示。

3）典型配置：车身车间焊装线的控制网络配置如图7-33所示（以西门子公司产品

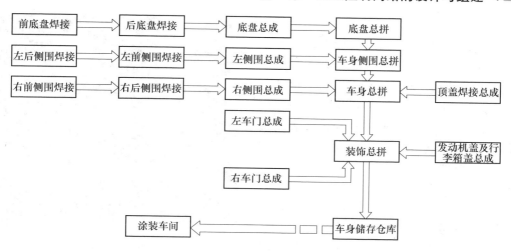

图 7-32　车身车间工艺流程图

为例）。

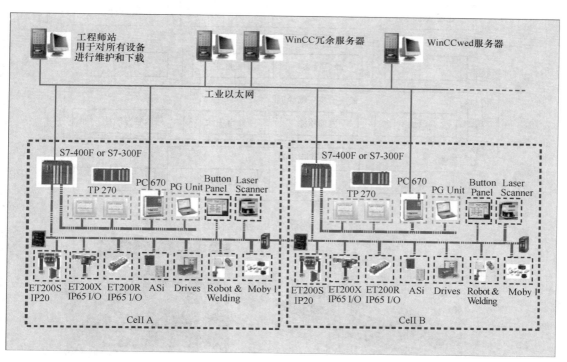

图 7-33　焊装线控制网络配置图

（3）喷涂车间

1）概述：喷涂车间（如图 7-34 所示）对工作环境的要求近乎苛刻，大量无人工位以及高强度连续性的工艺特点导致喷涂车间的自动化水平非常高。

钢板经过冲裁、成形和焊接后进入喷涂车间。在高温高压的环境中清洗掉表面的油污，通过电泳、磷化完成表面处理，最终经由底漆、面漆、流平、干燥，一部漂亮的车身就完成了。

2）工艺流程：工艺流程如图 7-35 所示。

3）工艺设备：前处理、电泳设备。

4）工艺要求：确保在白车身进入电泳之前的洁净度，去除在冲压和焊接工艺当中的油污和污垢，通过磷化池在车身金属表面形成磷化膜，并在钝化工艺中强化。电泳过程是采用电化学的方法将电泳漆附着在车身上。部分工艺处理如图 7-36 所示。

5）前处理工艺段：在清洗、脱脂、磷化和电泳过程中主要的控制对象是大量的循环泵和阀门。自动化系统必须满足多路温度控制过程和液位控制过程以及悬挂输送装置。最大的挑战在于如何在恶劣的电化学环境中可靠一致地工作。

图 7-34 喷涂车间一角

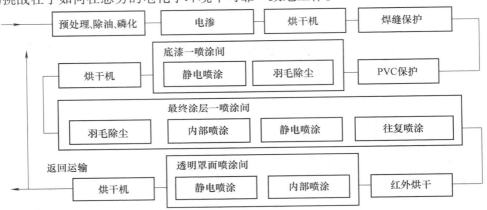

图 7-35 喷涂车间工艺流程图

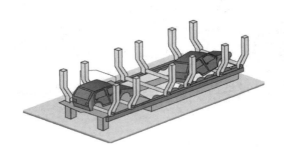

图 7-36 喷涂车间工艺处理图

前处理工艺段控制网络配置方案如图 7-37 所示。

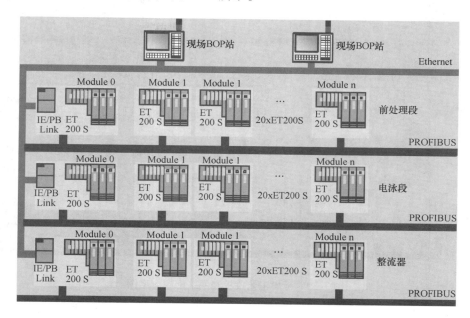

图 7-37　前处理工艺段控制网络配置方案图

6）干燥、烘干工艺段

① 工艺要求：提供清洁、合适温度的空气对车身进行干燥。部分工艺处理如图 7-38 所示。

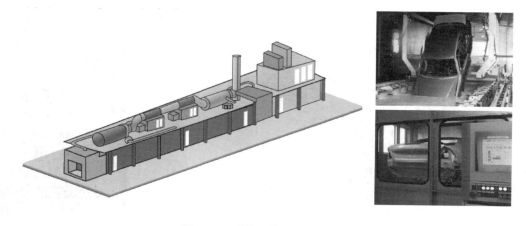

图 7-38　干燥、烘干工艺处理图

② 干燥：干燥工艺通过精确地控制空气的温度和流量，实现喷涂前的最终处理。空气供给系统、气体循环系统和保温系统中包括了数字量、模拟量和 PID 调节系统。这一工艺过程的控制精度直接决定了最终的表面质量。

干燥工艺段控制网络配置方案如图 7-39 所示。

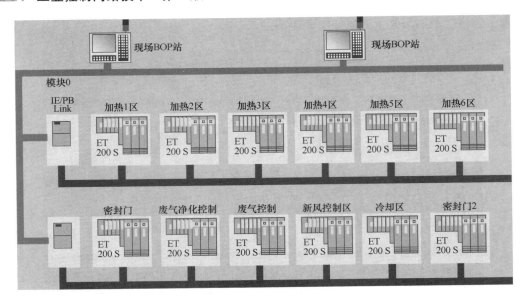

图 7-39 干燥工艺段控制网络配置方案图

7）喷涂工艺段：颜色是对个性的表达。这就是在人们对汽车"包装"的质量提出了更高的要求的同时，汽车的颜色正在不断增加的原因。对于喷涂车间而言，这意味着用最小的缺陷容忍度取得最大的灵活性。只有通过使用从材料物流到用静电或压缩空气进行汽车内外喷涂这一经过优化的过程，才可做到这一点。

① 工艺要求：严格的质量要求，大量的物理参数需要精确控制，以及本质安全和防爆要求。部分工艺处理如图 7-40 所示。

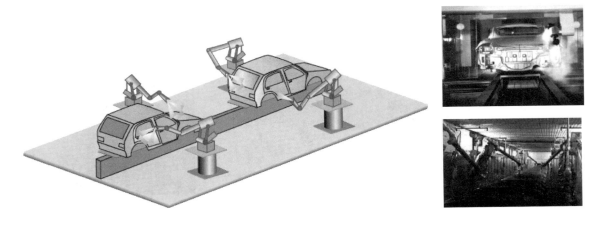

图 7-40 喷涂工艺处理图

② 喷涂工艺包括底漆、中漆、面漆和罩漆以及干燥等手段保证车身的外观质量。专用的涂装设备和精确控制的输送系统，以及故障安全系统是本工艺段的主要控制对象。自动化系统本身必须满足本质安全特性和防爆要求，同时与消防系统保持一致。

喷涂工艺段控制网络配置方案如图 7-41 所示。

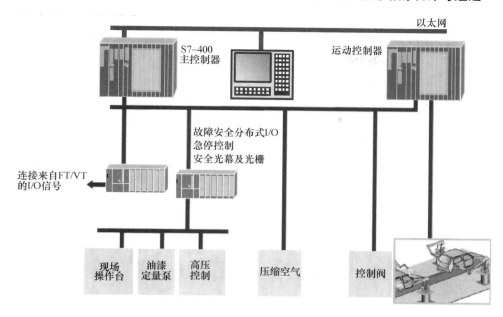

图 7-41　喷涂工艺段控制网络配置方案图

（4）总装配车间

1）概述：总装配车间（如图 7-42 所示）完成将所有汽车零部件装配在一起，并最终
进行测试。它要求精确协同的物流，具备自动定
位、组装、安装和各种固定流程，是汽车生产中高
技术需求最密集的地方。

　　透明的生产信息系统：由车身识别系统、人机
接口屏幕、Andon 看板等设备组成。通过把各生产
层次所需的信息，传到相关的部门，低到现场，高
到企业管理信息中心。

　　精确协同的物流：各种类型的物流装备，保证
了车身在生产线上的顺畅流动，并适时地在相应位
置获得所需的部件，逐步走向装配线的出口。

　　主车架被安装在输送链上按照工艺方向行进，
来自于涂装车间的车身通过车体分配中心进入总装
线进而安装在车架上。随着装配工艺的进行，前后
桥总成以及发动机变速箱总成被逐一安装就位。在
总装线的末端，随着汽车电气总成、仪表总成以及

图 7-42　总装配车间一角

汽车座椅的安装，汽车完成装配。在加注站注入必要的汽油、机油等其他液体，最终进入测
试环节。

2）工艺流程：工艺流程如图 7-43 所示。

3）工艺设备

① 输送机（机运线）：高效可靠的输送系统是保证汽车装配生产节拍的基本条件。出于

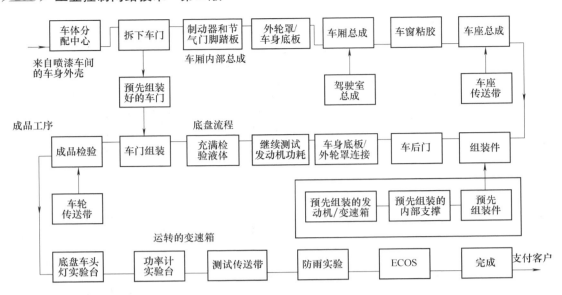

图 7-43　总装配车间工艺流程图

标准化的考虑，输送系统通常被制造成 6~8m 为一个长度单位的标准单元。通过对这些标准单元的灵活组合，就构成了整个车间的输送系统。输送机如图 7-44 所示。

　　输送机的控制对象主要为电动机的控制。通过对电动机的精确控制，实现在制品托盘按照装配工艺路线的方向前进、后退和回转。输送机控制网络配置如图 7-45 所示。

可回转式输送机

图 7-44　输送机图

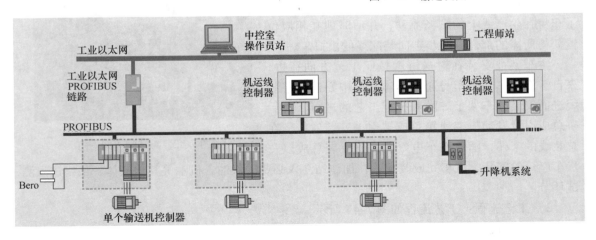

图 7-45　输送机控制网络配置图

② 自导引悬挂小车：在强调柔性生产的场合，悬挂小车必须满足"智能"的要求。一方面能够根据生产管理系统下达的指令独立完成移动、夹紧、举升以及翻转等动作；另一方面要能够实时地将现场的生产状态反馈到主控系统和管理系统。

汽车装配线的长度通常是以公里为长度单位的，因此如何在这样一个长度范围内保证可靠、实时的移动通信呢？为此，设备提供商专门为基于滑束线的系统开发了专门的滑轨信号放大器，借助这一通信技术和来自与全集成自动化对于运动控制（变频调速装置）和逻辑控制（小型控制器）的精确整合，自导引悬挂小车可以实现更多更先进的功能。自导引悬挂小车的非接触式能量和数据传输架空单轨如图 7-46 所示。自导引悬挂小车控制系统如图 7-47 所示。

图 7-46 非接触式能量和数据传输的架空单轨

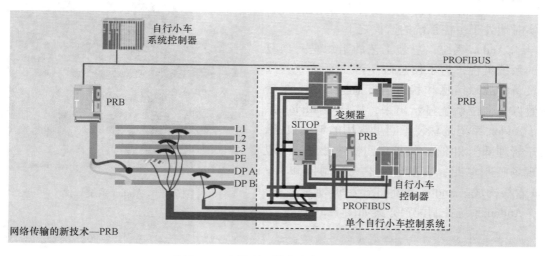

图 7-47 自导引悬挂小车控制系统图

③ 堆垛机（车体分配中心）："按需生产"，决定了来自于涂装车间的车身必须按照销售订单的顺序进入总装过程。因此，在总装车间和涂装车间通常会设置一个"缓存区"。所有来自涂装车间的车身经过托盘转换后，首先被放置在一个立体仓库中，然后依次进入总装过程。堆垛机如图 7-48 所示。

堆垛机的效率影响着总装的生产节拍，一方面要安全高效地实施"搬运"；另一

图 7-48 堆垛机一角

方面要可靠地与主控系统保持通信，接受指令。西门子公司的控制器、驱动装置和 PPROFI-BUS 总线组成的堆垛机控制网络配置方案如图7-49所示。其设备不仅使堆垛机的稳定性

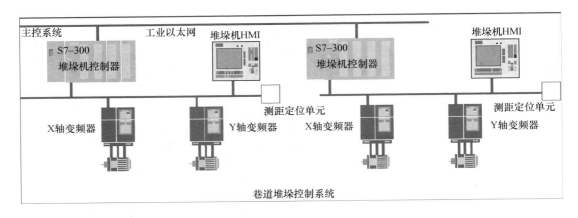

图 7-49　堆垛机控制网络配置方案

和速度达到了最优化（180m/min），同时 PRO-FIBUS 工业通信网络将每一台堆垛机的运行状态实时地处于主控系统的监控之下。

④ Andon 系统：总装工艺的组织是一项复杂的系统工程，为了使总装生产主系统及其周边设备的故障信息和状态信息通过看板、报警装置以及上位系统显示出来，构建了 Andon 系统。Andon 系统是总装车间里常用的辅助设备，便于管理部门和维修/维护部门快速处理。一般由现场呼叫单元、质量台、中央控制器和 An-don 看板构成。Andon 系统如图7-50所示。

Andon 系统控制配置方案如图7-51所示。

图 7-50　Andon 系统一例

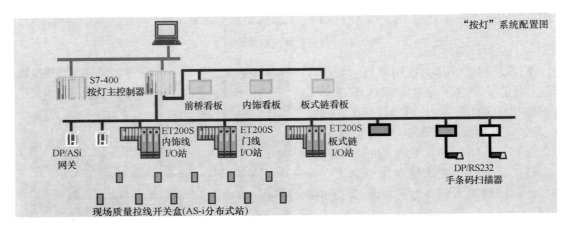

图 7-51　Andon 系统控制配置方案图

（5）测试系统　如图 7-52 所示。

1）发动机检测台：在发动机检测台方面，专门设计的测功机，可对静止负荷以及模拟瞬间负荷条件下的内燃发动机进行负荷检测；紧凑、坚固的仪器连同用于动态转矩感测的高精度测量设备以及高速液力变矩器，可确保最高要求下的可靠工作。

2）变速器和车桥检测台：通过机器的旋转质量和弹性连接轴，变速器和车桥检测台之间构成了一个振动系统。利用特殊的控制技术驾驭着这些弹性连接的多质量系统。通过所获得的快速、独立的控制，可以用一种实际的方式来模拟动态负荷。

3）整车检测：车辆检测台可以对特殊结构的整车进行检测；可以在每个车轮的轴上直接安装一台带转动鼓的机器。这样就可以单独对每个车轮进行负荷检测。除标准控制类型外，还可以规定转向盘转角、允许滑动量、摩擦系数以及左、右车轮相位角等。

图 7-52　测试系统图例

**2. 工业控制网络在现代化轿车生产厂中的应用实例**

（1）项目简介　位于山东省烟台经济技术开发区内的上海通用东岳汽车有限公司，是上海通用汽车有限公司、上汽集团和通用汽车（中国）分别出资建造的现代化轿车生产厂，是上海通用汽车有限公司用于生产其商用和家用轿车的几个生产基地之一（如图 7-53 所示）。公司总装和油漆车间均采用西门子工厂自动化工程有限公司制作的 Andon 现场管理与信号采集系统。其中对各条机运线，拉绳开关，Andon 板指示灯，QCOS 点以及扫描枪的逻辑控制和信号采集装置的选用突破了传统意义上"硬 PLC"的概念，均采用西门子基于 PC 技术的 SLOT CPU（WinAC）和 ET 200S 远程站完成。上位监控系统采用西门子 WinCC V6，用于对现场采集的实时信号进行监控、存储和历史查寻。上位机与远程控制器的连接均采用西门子高性能的 PROFIBUS-DP 工业现场总线，整体设计简单、通用，性能和功能完全达到厂方的要求。

图 7-53　上海通用生产车间一览

（2）系统介绍

1）工艺需求：根据生产和管理的需求，现场 Andon 系统中的所有请求记录均会被自动记录到远程分布式 I/OET 200S 中。这些请求记录包括：各条机运线的运行、故障及阻塞信号，各条机运线上各工位的拉环、QCOS、FP、扫描枪等产生的动作、报警以及因此而引起的该条机运线的停机信号。分布在现场各处的 ET 200 远程站通过西门子高性能的 PROFI-BUS-DP 网络连接到插接于 PC 内部 PCI 插槽中的 SLOT CPU 上。同时，上位监控软件 WinCC 通过专门的协议和通道可动态地采集到 SLOT CPU 中的数据信息，并可借助 WinAC 特有的 OCX 控件将配置信息下载到 SLOT CPU 中，从而实现了上位软件与控制 CPU 之间的完美结合。

2）控制系统的构成：现场逻辑控制和采集系统的硬件组成如图 7-54 所示。

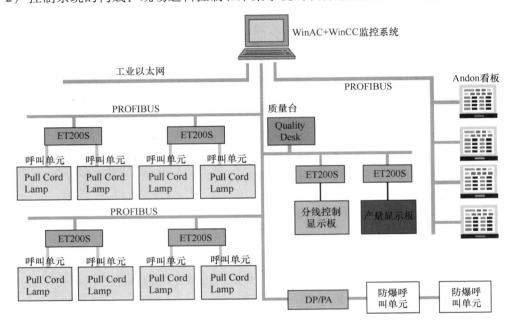

图 7-54 现场逻辑控制和采集系统的硬件组成图

在图 7-54 中：

● 以 WinAC（基于 PC 的自动化解决方案）系列中的 SlotPLC 为主控单元。

● 通过 PROFIBUS 连接 ET 200S 系列分布式 I/O 模块，连接现场信号。

● Quality Desk 作为一个 PROFIBUS 子站连接到系统里。

● Andon 看板为灯箱式看板，由分布式 I/O 控制，作为一个 PROFIBUS 子站连接到系统里。

● 所有的指示灯通过西门子的 ET 200S 的数字输出模块进行控制。

● 看板上需要进行时钟显示，则该显示由 ET 200S 的点对点通信模块进行控制。

● 看板操作盒用于点亮或复位看板上的指示灯。

（3）结束语 此套为上海通用东岳汽车有限公司设计的信息控制采集系统，突破了传统意义上"硬 PLC"的概念，采用了西门子新一代基于 PC 技术的 Slot CPU（WinAC），安装简单，易于操作且维护方便。在不影响系统性能的前提下又节省了成本。自投产之后运行十分稳定，表现良好，受到用户的广泛好评。

### 7.3.3　工业控制网络在钢铁行业连铸机控制中的应用

#### 1. 项目介绍

马鞍山钢铁厂第三炼钢车间新六机六流方坯连铸机工程是马鞍山钢铁厂 "十五" 期间 13 个重点基建技改项目之一，其年设计能力为 70 万吨，是比较具有代表性的自动化高效连铸机设备。

#### 2. 系统设计依据

面对 21 世纪的世界性的自动化控制领域以分布式现场总线为主导的，电气控制技术、电子仪表控制技术、电子计算机技术（EIC）三电合一的一场革命性变革及发展趋势；借鉴马鞍山钢铁厂具有 20 世纪 90 年代世界水平的引进设备异型坯连铸机的自动化控制系统先进的设计思想，再充分考虑到设备先进性、开放性、稳定性及备件来源的可靠性和价格性能比等诸多因素，结合参加异型坯连铸机自动化系统安装调试积累的经验和对引进的自动化设备深入的认识，最后选定了西门子公司先进的控制设备。

新六机六流方坯连铸机生产线自动化系统分两级，第 1 级称基础自动化。基础自动化系统主要由西门子公司的 SIMATIC S7-400PLC、操作员工作站（WINCC C/S 方式）、传动装置（变频器）和仪控系统组成。其中 29 台德国 SEW 公司变频器都作为从站以 PROFIBUS-DP 协议与 PLC 相连，由 PLC 跟踪系统设定速度，仪控系统 121 总线仪表通过 PROFIBUS-PA 协议与 PLC 相连。该台铸机主体设备核心部件、二级工艺过程控制应用软件包等均从奥钢联引进。为解决重工业厂区的电磁干扰和满足大容量的数据交换，在高层网络设计中考虑采用 100M bit/s 光纤以太网，每个主 PLC 站通过 CP 443-1 模块及 OSM 光纤连接模块，连成光纤环网络拓扑结构。

图 7-55 所示为马鞍山钢铁厂六机六流连铸机生产线的基础自动化系统，根据其工艺需求，每条铸流均是一条独立的生产线。此外还有一些公用系统。为便于管理和维护，在现场级由六套铸流 PLC 系统和一套公用 PLC 系统组成，每套 PLC 都将所有信息送到中央监控层，还有部分铸流系统与共用系统的数据交换。为保证系统的可靠性及快速性，选用工业以太网。

在中央监控层采用 SERVER/CLIENT 结构，改变过去单机应用模式，采用多用户系统。多用户系统由多个操作员终端构成，这几个操作员终端通过终端总线提供数据。而终端总线是独立于系统总线的标准以太网，仅用于从 OS 服务器向过程终端、工程系统提供数据。系统总线和终端总线完全分离，OS 服务器只需通过自动化系统提供一次数据。

多用户系统的优点在于：过程终端能够以极大的灵活性安装与排列；安装费用相当低廉，可实现互连、互通和互操作功能；为保证系统的可靠性，OS 服务器需 2 台作冗余，若其中一台服务器故障，OS 终端将自动切换，延时 1~2min。故障服务器启动后需手动切换 OS 终端，在故障后重新启动操作员站时，所有测量值档案和报警档案将被自动比较和更新。

1) 铸流系统：以 1 流为例，主 PLC（S7-400）的主机架由一个电源模块、一个 CPU 414-2DP、一个 CP 443-5 EXT（路由功能）和 CP 443-1 以太网通信模块构成。CPU 集成 DP 口通过 PROFIBUS-DP 网与下挂 5 个 I/O 远程工作站——ET 200M（采集本流现场的各种电控设备、液面控制器等的开关量与模拟量）和一个接点容量为 5A 的 I/O 远程工作站——ET

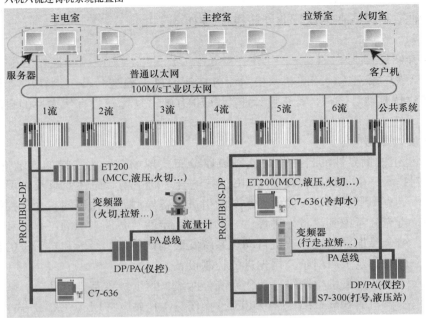

图 7-55 六机六流连铸机生产线图

200（MCC 柜），拉矫机变频器、引杆变频器、BMS 变频器，辊道 1#变频器、辊道 2# ~ 4#变频器和火切割枪变频器；3 套 C7-633 分别用来控制结晶液压振动，#1、#2 中包液面进行数据交换；CP 443-5 EXT 的 DP 口通过 DP/PA LINK 与支持 PA 通信的仪表（19 台变送器，阀门定位器，流量计）进行数据交换，工程师站 PDM 软件通过 CP 443-5 EXT 路由功能，实现远方修改仪表信息。2 ~ 6 流的设备构成与 1 流相同。

2）公用系统：主机架配置与铸流配置一样，CPU 集成 DP 口通过 PROFIBUS-DP 网与下挂 4 个 I/O 远程工作站——ET 200M（采集现场的各种电控设备、拉矫，出坯火切等的开关量与模拟量）和 2 个接点容量为 5A 的 I/O 远程工作站——ET 200M（MCC 柜），大包回转变频器，#1 中包行走变频器，移钢机变频器和 U/V 冷床变频器；1 套 C7-633 用来控制 BMS 冷却水，2 套 S7-300 用于打号，结晶振动液压控制；CP 443-5 EXT 的 DP 口通过 DP/PA LINK 与支持 PA 通信的仪表（7 台变送器，阀门定位器，流量计）进行数据交换。

3）操作员工作站与监控系统：在主电室采用 CLIENT/SERVER 结构安装 2 套冗余的无限点 WINCC 工作站，其中 1 台为工程师站，除安装 WINCC 外，还需 STEP7，PDM，另 1 台为操作员站。在主控室安装 3 台 HMI，其中 1 台为主控，1 台控制火切室，另 1 台控制拉矫室。通过 HMI 实现对生产线的组合操作、状态监控、参数设定和报警显示，同时还配有打印机和硬拷贝机，用于打印报警信息、工艺动态参数和趋势图。

**3. 系统的特点**

1）从技术角度看：

● 总线技术代表检测系统数据传输技术的发展趋势。

● 仪控系统采用 PA 总线技术，直接获取数字信号，简化了 PLC 程序，取消了大量 A-D 转换任务，提高了主 PLC 工作效率，减少模拟量信号在传输过程中的误差，提高了测量精度。

● 由于实现了现场设备控制网和工厂管理网，可远程预测和设备诊断，远程调整操作参数，设备管理，同时由于系统结构简化，连线简单而减少了维护工作量。

● 节省大量的电缆与硬件设备的投资和安装、调试费用，大大缩短了安装调试时间。

● 用户具有高度的系统集成主动权，可自由选择不同厂家的设备组成最佳系统，设备出故障时可自由选择替换的设备。其设备的标准化和功能模块化，使其还具有设计简单、易于重构等优点。

● 大量的现场设备信息进入管理层，提高了设备的运行管理水平，使操作和维护人员及时掌握全厂现场设备的详细状态信息，可进行预测性的维护，节省大量人力和时间。

2）从经济角度看：

● 系统设备费由于控制系统的 95% 的模拟量均由 PA 总线控制，节约了大量的 I/O 模拟量板，其节约费用恰与各类带 PA 总线的仪表（PA 表比普通表贵 10% ~ 30%，2001 年价格）涨幅相等。

● 电缆桥架费由计划的 95 万降至 18 万。

● 安装费用由计划的 68 万降至 21 万。

● 总计节省投资 31%。

# 本 章 小 结

本章阐述了工业控制网络集成的 3 种方式——通过互联构建一体化的控制网络、通过控制网络构建一体化的控制网络、现场总线控制网络与 Intranet 信息网络的集成方案；7 大原则——实时性原则、可靠性原则、开放性原则、实用性原则、先进性原则、经济性原则、软件资源丰富性原则；系统的总体设计注意事项、系统的硬件构建连接方法，以及烟草、汽车、钢铁行业的生产流程和应用实例。通过这些内容，给出了工业控制网络设计与实现的方法、原则、注意事项和成功案例。

## 思 考 与 练 习

1. 简要说明工业控制网络的集成方式和各自适用的场合。

2. 结合实例，简要说明工业控制网络的集成原则。

3. 工业控制网络在总体设计时应该考虑哪些问题？

4. 汽车生产主要有哪些流程？各流程对控制系统有何要求？

# 参 考 文 献

[1] 杨卫华. 现场总线网络 [M]. 北京：高等教育出版社，2004.

[2] 杜煜. 计算机网络基础 [M]. 2版. 北京：人民邮电出版社，2006.

[3] 顾洪军，等. 工业企业网与现场总线技术及应用 [M]. 北京：人民邮电出版社，2002.

[4] 陈在平，岳有军. 工业控制网络与现场总线技术 [M]. 北京：机械工业出版社，2006.

[5] 张云生，祝晓红，王静. 网络控制系统 [M]. 重庆：重庆大学出版社，2003.

[6] 廖常初. S7-300/400PLC 应用技术 [M]. 北京：机械工业出版社，2005.

[7] 崔坚，李佳. 西门子工业网络通信指南：上册 [M]. 北京：机械工业出版社，2005.

[8] 崔坚，李佳. 西门子工业网络通信指南：下册 [M]. 北京：机械工业出版社，2005.

[9] 王爱广. 过程控制原理 [M]. 北京：化学工业出版社，2005.

[10] 居滋培. 过程控制系统及其应用 [M]. 北京：机械工业出版社，2005.

[11] 林德杰. 过程控制仪表及其控制系统 [M]. 北京：机械工业出版社，2004.

[12] 张李冬. 过程控制技术及其应用 [M]. 北京：机械工业出版社，2004.

[13] 刘玉梅. 过程控制技术 [M]. 北京：化学工业出版社，2002.

[14] 林锦国. 过程控制——系统 仪表 装置 [M]. 南京：东南大学出版社，2001.

[15] 胡向东，刘京诚. 传感技术 [M]. 重庆：重庆大学出版社，2006.

[16] 郁有文. 传感器原理及工程应用 [M]. 西安：西安电子科技大学出版社，2003.